动漫·电脑艺术设计专业教学丛书暨高级培训教材

Dreamweaver CS4
web design and
website development

Dreamweaver CS4
网页设计与网站开发

高吉和 编著

U0129797

中国建筑工业出版社

《动漫·电脑艺术设计专业教学丛书暨高级培训教材》编委会

序

在知识经济迅猛发展的今天，动漫·艺术设计技术在知识经济发展中发挥着越来越重要的作用。社会、行业、企业对动漫·艺术设计人才的需求也与日俱增。如何培养满足企业需求的人才，是高等教育所面临的一个突出而又紧迫的问题。

我们这套系列教材就是为了适应行业企业需求，提高动漫·艺术设计专业人才实践能力和职业素养而编写的。从选题到选材，从内容到体例，都制定了统一的规范和要求。为了完成这一宏伟而又艰巨的任务，由中国建筑工业出版社有机结合了来自著名的美术院校及其他高等学校的艺术教育资源，共同形成一个综合性的教材编写委员会，这个委员会的成员功底扎实，技艺精湛，思想开放，勇于创新，在教育教学改革中认真践行了教育理念，做出了一定的成绩，取得了积极的成果。

这套教材的特点在于：

一、从学生出发。以学生为中心，发挥教师的主导作用，是这套教材的第一个基本出发点。从学生出发，就是实事求是地从学生的基本情况出发，从最一般的学生的接受能力、基础程度、心理特点出发，从最基本的原理及最基本的认识层面出发，构建丛书的知识体系和基本框架。这套教材在介绍基本理论、基本技能技法的主体部分时，突出理论为实践服务的新要求，力争在有限的课时内，让学生把必要的知识点、技能点理解好、掌握好，使基本知识变成基本技能。

二、从实用出发。着重体现教材的实用功能。动漫·艺术设计专业是技能性很强的专业，在该专业系统中，各门课程往往又有自身完整而庞大的体系，这就使学生难以在短期内靠自己完成知识和技能的整合。因此，这套教材强调实用技能和技术在学生未来工作中的实用效果，试图在理论知识与专业技能的结合点上重新组合，并力图达到完美的统一。

三、从实践出发。以就业为导向，强调能力本位的培养目标，是这套教材贯彻始终的基本思想。这套教材以同一职业领域的不同职业岗位为目标，以培养学生的岗位动手操作应用能力为核心，以发现问题、提出问题、分析问题、解决问题为基本思路。因此，各类高校和培训机构都可以根据自身教育教学内容的需要选用这套教材。

教育永远是一个变化的过程，我们这套教材也只是多年教学经验和新的教育理念相结合的一种总结和尝试，难免会有片面性和各种各样的不足，希望各位读者批评指正。

徐恒亮

北京汇佳职业学院院长，教授，中国职业教育百名杰出校长之一

前言

Dreamweaver是美国MACROMEDIA公司开发的集网页制作和管理网站于一身的所见即所得网页编辑器，它是第一套针对专业网页设计师特别发展的视觉化网页开发工具，利用它可以轻而易举地制作出跨越平台限制和跨越浏览器限制的充满动感的网页。

Dreamweaver CS4是一款专业的可视化网页编辑软件，可用于对Web站点、Web页和Web应用程度进行设计、编码和开发。无论用户喜欢直接编写HTML代码还是偏爱在可视化编辑环境中工作，Dreamweaver CS4都会成为用户最有效的工具。

本书主要内容：

本书共分为5章，每章的主要内容如下：

第1章："网页及网站简介和Dreamweaver CS4基础入门"。介绍网页、网站等相关的概念以及Dreamweaver CS4软件界面、面板、工具箱中的相关工具的属性等。

第2章："基本页面实例制作"。通过创建本地站点、制作简单页面、利用表格制作网页、框架网页设计以及制作表单页面，介绍了各种网页的制作过程。

第3章："常用技术页面实例制作"。通过4个实例介绍了CSS样式、互动行为、模板以及库的使用以及相关方法的应用。

第4章："模仿网页模板制作首页"。本章通过4个网页模板实例，介绍相关网站首页的流程和模块。

第5章："网站实例开发"。本章从建立站点、创建站点的目录结构、制作首页和制作二级页面出发，通过一个具体学校网站的开发实例详细介绍了开发网站的步骤和流程，以及相关的注意事项。

本书作者具有多年的Dreamweaver网页设计及网站开发方面的教学经验，以及深厚的网页设计和网络编程的功底，并将多年积累的具有实用价值的知识点、经验、操作技巧等毫无保留地奉献给了广大读者。

在本书的编写过程中，参考了许多相关的书籍和资料，编者在此对这些参考文献的作者表示感谢。同时感谢王静、汤影、胡民强、陈小宁、刘尧斌、史振军、马辛宁等人的帮助和支持。

由于软件版本的不断升级和新技术的发展，作者水平有限加之时间仓促，书中难免存在错误和不足之处，恳请广大读者和专家批评指正。

编者

2010年3月

目录

CONTENTS

CONTENTS

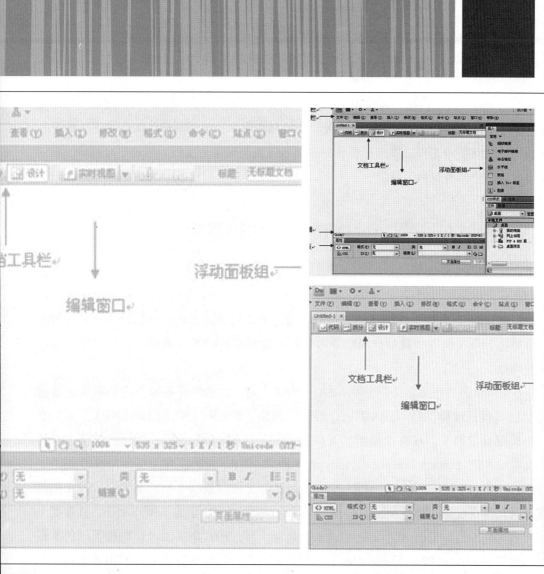

第 1 章

网页及网站简介和
Dreamweaver CS4 基础入门

网页（web page），是网站中的一页，通常是HTML（文件名为.html或htm或asp或aspx或.php或jsp等）。网页通常用图像档来提供图画，要使用网页浏览器来阅读它。网页是构成网站的基本元素，是承载各种网站应用的平台。通俗地说，网站是由网页组成的。如果只有域名和虚拟主机而没有制作任何网页的话，客户仍旧无法访问网站。

网站（Website），是指在互联网上，根据一定的规则，使用HTML等工具制作的用于展示特定内容的相关网页的集合。简单地说，网站是一种通讯工具，就像布告栏一样，人们可以通过网站来发布自己想要公开的资讯（信息），或者利用网站来提供相关的网路服务（网络服务）。人们可以通过网页浏览器来访问网站，获取自己需要的资讯（信息）或者享受网路服务。

Dreamweaver CS4是一款专业的可视化网页编辑软件，可用于对Web站点、Web页和Web应用程序进行设计、编码和开发。无论用户喜欢直接编写HTML代码还是偏爱在可视化编辑环境中工作（本书着重介绍在可视化编辑环境中工作），Dreamweaver CS4都会成为用户最有效的工具。

1.1 网页基础知识概述

1.1.1 Internet

Internet又称因特网（国际互联网），是世界上规模最大的计算机网络。可以说是由数以万计具有特殊功能的计算机通过各种通信线路，把不同地理位置的网络连接起来的网络。

Internet 源自于美国国防部的AERPANET计划，目的是将各种不同的网络连接起来，进行数据传输。1981年ARPA分成两个网络。即ARPANET和MILNET。它们之间仍然保持着联系。后来这种网络互联称为"DARPAInternet"，1986年美国国家科学基金会NSF（nation Science Foundation）使用 TCP／IP协议建立了 NSFNET网络，1990年7月，NFSNET取代了APRANET。为了满足用户急剧增长的需要，1992年美国高级网络服务公司ANS（Advanced Networks and Service）组建了ANSNET，其容量为NSFNET的30倍，它已成为现在的Internet的骨干网。1997年美国开始实施下一代互联网络服务（Internet Next Generation）建设计划。无论其通信速度还是网络容量都得到了极大提高。

在中国，最先加入Internet的用户是中国科学院高能物理研究院所。1994年原邮电部正式与Internet联网，实现了和互联网的TCP／IP连接。从此中国的Internet商业服务正式开始。逐步开通了互联网的全服务功能，大型电脑网络项目正式启动。互联网在我国进入飞速发展时期。到1997年底，我国已建成中国公用计算机互联网（ChinaNet）、中国教育和科研网（CERNET）、中国科学技术网（CSTNET）＼和中国金桥信息网（ChinaGBN）四大互联网，并与因特网建立了连接。

1.1.2 WWW

WWW是World Wide Web的缩写，中文名为万维网。它起源于1989年3月，由欧洲量子物理实验室CERN所开发出来的主从结构分布式超媒体系统。

WWW采用的是客户／服务器结构。其作用是整理和储蓄各种网络资源，并相应各客户端软件的请求，把客户所需的资源传递到Windows、UNIX或LINUX等平台上。可以说，WWW为Internet的普及迈出了开创性的一步，是近年来Internet上取得的最激动人心的成就。

1.1.3 网页与网站

WWW中的信息资源主要是以一篇篇的web文档为基本元素构成，Wed文档简称Web页，用中文描述也就是我们俗称的网页。这些网页采用超级文本的格式，即可以含有指向其他网页或其本身内部特定位置的超级连接，或简称超连接。可以将间接理解为指向其他网页的"指针"。链接使得网页交织为网状。这样。如果Internet上的网页和链接非常多的话，就构成了一个巨大的信息网。

网站是由多个网页集合而成的，集中体现网站的主题，又围绕这个主题表现网站的内容。网页通常分为首页和内页两种。在一个网站里浏览器首先打开的第一个网页叫首页（又叫主页），通过首页进入、浏览的页面称为内页，又叫分页。

首页是一个网页的门面。它的访问量最大，首页所提供的是网站的主题。通过访问首页就能知道网站所要传递给当问者的首要信息。因而首页设计的好坏直接影响到网站的质量。也是一个网页设计者重点要考虑的问题。

内页是网站的重要组成部分，体现具体信息的载体。一般数量比较多，制作比较方便，成本较低。网站所提供的信息服务都是通过各内页传递给用户的。

1.1.4 HTML

HTML（Hypertext Mark-up Language）即超文本标记语言，或称为"多媒体文件语言"，它可以标记超连接、文本样式、页面标题，插入图片或动画等多媒体元素，以此来创建Web页面，HTML也是用于创建Wed页和Wed通信的第一个通用描述性语言，由TimeBerners-lee提出。

WWW采用的是客户／服务器结构。当用户从WWW服务器取到一个文件后。Web浏览器就会读取Web页面上的HTML也是文档，再根据此类文档中描述组织并现实相应的Web页面。由于将文件放入WWW服务器的人并不知道将来阅读这个文件的人到底会使用那种类型的计算机或终端，因此，要保证每个人在屏幕上都能读到正确显示的文件，必须以各种类型的计算机或终端都能"看懂"的方式来描述文件，于是就产生了HTML语言。目前设计HTML语言也就是为了能把存放在一台计算机中文本或图形与另一台计算机中的文本或图形方便地联系在了一起，形成有机的整体。使人们不用考虑具体信息是在当前电脑上还是在网络的其他电脑上。

HTML文件是由HTML命令组成的描述性文本。因为本身是文本格式的，所以原则上用任何一种文本编辑器都可以对它进行编辑。HTML语言有一套相当复杂的语法。一个基本的HTML文档的结构应该包括头部（HEAD）、主体（Body）两大部分。头部描述浏览器所需的信息，主体包括所要页面的具体内容，开发者可是使用HTML语言插入各种网页元素，并通过HTML编辑说明文字、图形、动画、声音、表格、连接等网页元素的属性。

HTML超文本编辑语言表的标记符是通过标签（也叫标识符）来定义网页内同的HTML超文本标记语言表有若干标签。

以下是HTML中常见的标签说明。它们都是成对出现的。

<!-- -->：注释标记，在"<!—"与"-->"之间的内容将不在浏览器中显示。

<! DOCTYPE>：描述文件所符合的HTML DTD，用于对网络间的兼容性作简要说明。

<A>：描述超级连接的开始位置或者目标，要求必须定义href=或name=属性。

<ADDRESS>：是描述地址、签名和作者等信息。

<APPLET>：在页面中放置可执行的内容。

<AREA>：在客户端图像映射MAP中描述超连接热点的轮廓形状。

<B>：将文本以粗体显示。

<BASE>：描述文档的基本地址。浏览器依此转换相对地址，只能用在HEAD标签中。

<BIG>：以比当前所用字体稍大的字体显示文本。

<BLOCKQUOTE>：引用其他资源中个内容，可能会缩进，斜体显示。通常上下空行。

<BODY>：描述文档主体的开始和结束。

：换行标签。

<BUTTON>：设置一个按钮。

<CAPTION>给TABLE加一个标题。

<CENTER>：居中排列其中的内容。

<DD>：在列表中解释一条术语，靠右显示。

<DEL>：指明文本已从文档中删除。

<DFN>：定义一个术语。

<DIR>：表示以系列短条目。在此之后的文本用LI开头，且每条不超过20个字符。

<DIV>：在文档中描述不同性质的元素，如章节、段落、摘要等。

<DL>：表示一个列表。DT，DD用于定义列表里的条目。

<DT>：在列表中定义一个术语，通常以斜体显示。

<EM>：用于要强调的文本。通常以斜体显示。

<FONT>：设置字体属性。

<FROM>：描述一个包含控件的表单。

<FRAME>：在FRAMESET中描述一个单独的框架。

<FRAMESET>：在混合文档中设置水平、垂直方向框架的数量和大小，在FRAMESET中用FRAME设置每个框架的内同和属性。可嵌套使用。

<HEAD>：出现在文档的起始部分，标明文档的题目或介绍。包含文档的无序信息。可在其中使用BASE、LINK、MATE、TITLE、BASEFONT、BGSOUND元素。

<Hn>：从H1到H6，六种标题，黑体显示。

<HR>：显示一条水平线。

<HTML>：HTML文本起始元素。通知浏览器该文档为HTML文档。

<I>：将文本用斜体显示。

<IFRAME>：在文档中嵌入一个浮动框架。

<IMG>：在文档中插入一副图像或一段视频。

<INPUT>：设置FORM中的输入控件。TYPE属性指明控件类型。需要设置NAME。

<LABLE>：说明一个标签。不可嵌套。

<LI>：表示列表中一个条目，可用在DIR，MENU，DL，UL中。

<LINK>：在当前HTML文档和其他资源之间建立超连接。只能在HEAD中使用。

<MAP>：为客户端图像映射指定热点区域集合。

<MARQUEE>：建立一个滚动文本区。

<MENU>：建立一个菜单。用LI定义菜单内的条目。

<META>：为浏览器。搜索引擎或其他程序提供HTML文档信息。必须在HEAD中使用。

<NOBR>：不换行。

<NOFRAMES>：为不支持FRAMESET的浏览器提供。

<OBJECT>：在HTML文档中插入一个对象。

<OL>：建立一个有序的列表。

<OPTION>：为SELECT元素定义一个选择项。

<P>：表示一个段落。

<PARAM>：给对象设置参数。对APPLET，EMBED，OBJECT有效。

<PRE>：用等宽字体显示文本，保留间距和换行。

<S>：显示带删除线的文本。

<SCRIPT>：表示需要脚本引擎解释执行的脚本代码区。

<SELECT>：设置一个下拉式选择框，用OPTION定义选择项。

<SMALL>：用较小的字体显示文本。

<SPAN>：定义一个范围，不影响页面结构和显示。

<STRIKE>：显示带删除线的文本。

<STRONG>：着重点，通常为黑体。

<STYLE>：给页面设置显示风格。

<SUB>：用较小的字体将文字显示在下角。

<SUP>：用较小的字体将文字显示在上角。

<TABLE>：定义一张表格。用TR，TD，TH元素定义行，列和单元，可选元素CAPTION，THEAD，TBODY，TFOOT，COLGROUP和COL，可用来组织表格以及队列、列祖属性进行处理。

<TBODY>：定义一个表体。

<TD>定义表格的一个单元格（排成一行）。

<TEXTAREA>：多行文本输入控件。

<TFOOT>：定义一张表格的页脚。

<TH>：定义表格中一行或一列的表体，文字黑体显示。

<THEAD>：定义表格的表头。

<TITLE>：说明文档标题。

<TR>：定义表格中的一行。

<TT>：用等框字体显示文本。

<U>：显示带下划线的文本。

<UL>：定义一张序的列表，用LI定义条目。

1.2 Dreamweaver概述及新增功能

1.2.1 Dreamweaver概述

Dreamweaver是美国MACROMEDIA公司开发的集网页制作和管理网站于一身的所见即所得网页编辑器，它是第一套针对专业网页设计师特别发展的视觉化网页开发工具，利用它可以轻而易举地制作出跨越平台限制和跨越浏览器限制的充满动感的网页。

Dreamweaver、FLASH以及在DREAMWEAVER之后推出的针对专业网页图像设计的FIREWORKS，三者被MACROMEDIA公司称为DREAMTEAM（梦之队），被广大网页爱好者戏称"网页三剑客"。

由于Macromedia公司于2005年被Adobe并购，故此软件现已为Adobe旗下产品。目前最新版本为Dreamweaver CS4。

1.2.2 Dreamweaver新增功能

1) 实时视图新增功能

借助 Dreamweaver CS4 中新增的实时视图在真实的浏览器环境中设计网页，同时仍可以直接访问代码。呈现的屏幕内容会立即反映出对代码所做的更改。

2) 针对 Ajax 和 JavaScript 框架的代码提示新增功能

借助改进的 JavaScript 核心对象和基本数据类型支持，更快速、准确地编写JavaScript。通过集成包括jQuery、Prototype 和 Spry 在内的流行 JavaScript 框架，充分利用 Dreamweaver CS4的扩展编码功能。

3) 相关文件新增功能

在 Dreamweaver CS4 中使用"相关文件"功能更有效地管理构成目前网页的各种文件。单击任何相关文件即可在"代码"视图中查看其源代码，在"设计"视图中查看父页面。

4) 集成编码增强功能

领略内建代码提示的强大功能，令 HTML、JavaScript、Spry 和 jQuery 等 Ajax 框架、原型和几种服务器语言中的编码更快、更清晰。

5) 代码导航器新增功能

新增的"代码导航器"功能可显示影响当前选定内容的所有代码源，如 CSS 规则、外部 JavaScript 功能、Dreamweaver 模板、iframe 源文件等。

6) Adobe AIR 创作支持新增功能

在 Dreamweaver 中直接新建基于 HTML 和 JavaScript 的 Adobe AIR™ 应用程序。在 Dreamweaver 中即可预览 AIR 应用程序。使 Adobe AIR 应用程序随时可与 AIR 打包及代码签名功能一起部署。

7) FLV 支持增强功能

通过轻松点击和符合标准的编码将 FLV 文件集成到任何网页中——无需 Adobe Flash&reg；软件知识。设计时在 Dreamweaver 全新的实时视图中播放 FLV 影片。

8) 支持领先技术

在支持大多数领先 Web 开发技术的工具中进行设计和编码，这些技术包括 HTML、XHTML、CSS、XML、JavaScript、Ajax、PHP、Adobe ColdFusion&reg；软件和 ASP。

9) 学习最佳做法

参考 CSS 最佳做法实现可视化设计并辅以通俗易懂的实用概念说明。在支持可访问性和最佳做法的同时创造 Ajax 驱动的交互性。

10) CSS 最佳做法新增功能

无需编写代码即可实施 CSS 最佳做法。在"属性"面板中新建 CSS 规则，并在样式级联中清晰、简单地说明每个属性的相应位置。

11) 全面的 CSS 支持增强功能

使用 Dreamweaver CS4 中增强的 CSS 实施工具令您的网站脱颖而出。借助"设计"和"实时视图"中的即时可视反馈，在"属性"面板中快速定义和修改 CSS 规则。使用新增的"相关文件"和"代码导航器"功能找到定义特定 CSS 规则的位置。

12) 学习资源增强功能

借助 Dreamweaver CS4 中丰富的产品随附教程掌握 Web 构建技能。通过由社区推动的帮助系统与最新 Web 技术保持同步。

13) 更广阔的 Dreamweaver 社区增强功能

从广阔的 Dreamweaver 社区受益，它包括在线 Adobe Design Center 和 Adobe Developer Connection、培训与研讨会、开发人员认证计划以及用户论坛。

14) 在线服务

轻击鼠标从 Dreamweaver 访问在线服务，与同事或客户共享屏幕、从在线社区获得所需的搜索结果并快速找到创意灵感，了解针对创意专业人士的更多在线服务。

15) 掌控内容

使客户能从浏览器中直接更新他们的网页。无需数据库或复杂的编码即可将动态数据添加到站点。

16) Adobe Photoshop 智能对象新增功能

将任何 Adobe Photoshop&reg；PSD 文档插入 Dreamweaver 即可创建出图像智能对象。智能对象与源文件紧密链接。无需打开 Photoshop 即可在 Dreamweaver 中更改源图像和更新图像。

17) HTML 数据集新增功能

无需掌握数据库或 XML 编码即可将动态数据的强大功能融入网页中。Spry 数据集可以将简单 HTML 表中的内容识别为交互式数据源。

18) 全新用户界面新增功能

借助共享型用户界面设计，在 Adobe Creative Suite&reg；4的不同组件之间更快、更明智地工作。使用工作区切换器可以从一个工作环境快速切换到下一个环境。

19) 跨产品集成增强功能

通过跨产品线的直接通信和交互，充分利用 Dreamweaver CS4 和其他 Adobe 工具的智能集成和强大功能，包括 AdobeFlash CS4 Professional、Fireworks&reg；CS4、Photoshop CS4 和 Device Central CS4 软件。

20) Adobe InContext Editing 新增功能

在 Dreamweaver 中设计页面，使最终用户能使用 Adobe InContext Editing 在线服务编辑他们的网页，无需帮助或使用其他软件。作为 Dreamweaver 设计人员，您可以限制对特定页面、特殊区域的更改权，甚至可以自定格式选项。

21) Subversion 集成新增功能

在 Dreamweaver 中直接更新站点和登记修改内容。Dreamweaver CS4 与 Subversion&reg；软件紧密集成，后者是一款开放源代码版本控制系统，可以提供更强大的登记／注销体验。

22) 跨平台支持增强功能

随心所欲，尽情工作：Dreamweaver CS4 可用于基于 Intel&reg；或 PowerPC&reg；的 Mac、Microsoft&reg；Windows&reg；XP 以及 Windows Vista&reg；系统。在首选系统中设计，交付跨平台、可靠、一致、高性能的成果。

1.3 Dreamweaver CS4的工作界面

Dreamweaver CS4较以前的Dreamweaver MX 2004、Dreamweaver 8有了很大的改变，Dreamweaver CS4的界面几乎是做了一次脱胎换骨的改进，从中看到了更多的设计元素，让DW也稍稍带着点苹果的味道，它的工作界面如图1-1所示。

Dreamweaver CS4的工作界面主要由图1-1所示标注的几部分组成，下面对其重要部分进行介绍。

1) 菜单栏

Dreamweaver CS4中的菜单栏同所有的Windows应用程序一样，位于工作界面的最上端，如图1-2所示。

图1-1 Dreamweaver
CS4工作界面

图1-2 菜单栏

它主要由以下菜单组成。

(1)【文件】菜单：包含网页文件操作的基本项目，如网页文件的新建、打开、保存、关闭、浏览、导入以及导出等，选择相应的命令即可执行相应的操作。

(2)【编辑】菜单：主要包括一些对网页对象进行操作的命令，如【剪切】、【复制】、【粘贴】、【撤销】和【重做】等命令。使用该菜单中的相应命令可以对文本、图像等对象进行编辑操作，减少用户重复输入的工作量，同时也为用户利用其他资源提供了方便。为了加快网页制作的速度，掌握一些常用命令的相应的快捷键是十分必要的，如【复制】命令的快捷键是【Ctrl+C】键，【粘贴】的快捷键是【Ctrl+V】键，【撤销】的快捷键是【Ctrl+Z】键，显示／隐藏标尺的快捷键是【Ctrl+Alt+R】等。

(3)【查看】菜单：主要用于对用户工作界面进行一些设置。如文档的各种视图【代码】，【设计】和【代码和设计】，并且可以显示和隐藏不同类型的界面元素和Dreamweaver工具及工具栏。如【标尺】、【网格】的现实和隐藏等。

(4)【插入】菜单：提供【插入】栏的替代项，用于将对象插入用户的文档，大部分功能都可以通过【插入】栏中的相应按钮来实现，在以后的章节中遇到具体介绍。

(5)【修改】菜单：使用户可以更改选定页面元素或对象的属性。使用该菜单，用户可以编辑标签属性，更改表格元素，并为库项目和模板执行不同的操作。

(6)【格式】菜单：使用户可以轻松地设置文本的格式。

(7)【命令】菜单：提供对各种命令的访问，如创建网站相册的命令以及扩展管理，插入Make of the Web等命令。

(8)【站点】菜单：提供帮助用户用于管理站点以及上传和下载文件的菜单项。

(9)【窗口】菜单：提供对Dreamweaver中的所有面板、检查器和数据库，行为、绑定等窗口的访问。

(10)【帮助】菜单：提供对Dreamweaver文档的访问，包含关于使用Dreamweaver以及创建Dreamweaver扩展功能的帮助系统，还包含各种语言的参考资料。

2) 插入栏

插入栏如图1-3所示包含用于将各种类型的对象（如图像、表格和层）插入到文档中的按钮。每个对象都是一段HTML代码，允许用户在插入时设置不同的属性。例如，读者可以在插入栏中单击【图像】按钮，插入一个图片。如果读者愿意的话也可以通过插入菜单直接插入图片而不通过插入栏。

如图1-3所示的菜单中的【隐藏标签】命令，则插入栏中的所有项目将以图标形式出现，旁边的图标文字将会隐藏起来，如图1-4所示，选择其中的【颜色图标】命令，插入栏中的所有项目的图标将以彩色形式出现，如图1-5所示。

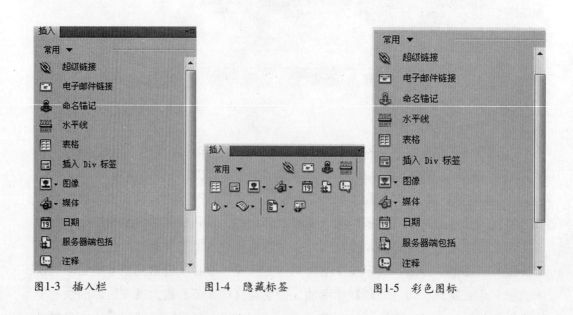

图1-3　插入栏　　　　　图1-4　隐藏标签　　　　　图1-5　彩色图标

在如图1-5所示的插入栏下方单击相应的选项时，将会出现不同的工具按钮，包括【常用】、【布局】、【表单】、【数据】、【Spry】、【IncontextEditing】、【文本】、【收藏夹】、【颜色图标】和【隐藏标签】等选项卡。

3) 文档工具栏

该栏中放置了文档窗口视图（代码视图、设计视图，设计和代码混合视图，实时视图）按钮，标题设置框和文档管理等按钮，如图1-6所示。

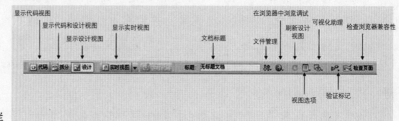

图1-6　文档工具栏

在文档栏的空白处单击右键可以隐藏／显示文档工具栏，也可以从【查看】→【工具栏】→【文档】调出文档工具栏。

文档工具栏常用选项的含义如下：

【显示代码视图】按钮 ⟨⟩代码：单击该按钮可以切换到代码视图中。代码视图是用于编写和编辑程序代码，如HTML（超文本标记语言）、JavaScript、VbScript、服务器语言代码［如（Micorsoft Actives Server Page（ASP），其中ASP.NET为其升级版或Java Server Page（JSP）或ColdFusion等标记语言］任何其他类型代码的手工编码环境。

【显示代码视图和设计视图】按钮 拆分：单击该按钮可以切换到代码视图和设计视图中。在该窗口中可同时看到同一文档的代码视图和设计视图，利用设计视图的同时，能便于读者更容易的了解相应的代码。

【显示设计视图】按钮 设计：单击它可以切换到设计视图中。设计视图是用于可视化页面布局、可视化编辑和快速应用程序开发的设计环境。在该视图中显示文档的完全可编辑的可视化表示形式，类似于在浏览器中查看页面时看到的内容，该视图便于刚刚入门的读者设计网页。

【显示实时视图】按钮 实时视图：实时视图按钮在真实的浏览器环境中设计网页，同时仍可以直接访问代码。呈现的屏幕内容会立即反映出对代码所做的更改。

【在浏览器中浏览／调试】按钮 ：单击该按钮后，在弹出的菜单中选择【预览在Iexplore】命令或按【F12】命令后即可在IE浏览器中浏览或调试当前网页。

【刷新设计视图】按钮 C ：单击该按钮可以刷新当前网页。

> 　　当使用的系统中没有或不适用IE浏览器时，可以单击【在浏览器中浏览／调试】按钮，选择编辑浏览器列表，添加相应的浏览器，例如可以将遨游浏览器设置为主浏览器，当按【F12】时，调出来的即是遨游浏览器窗口。

4) 属性面板

属性面板用于查看和更改所选对象的各种属性。选取不同的对象，其相应的属性面板的属性和参数也不同。如图1-7为【图像】属性面板。单击右下方的三角形按钮 ▲，部分属性将会隐藏，如图1-8所示。如图1-9所示为文本的属性面板。

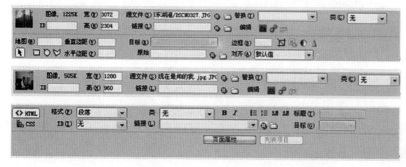

图1-7 【图像】属性面板

图1-8 隐藏部分属性后的属性面板

图1-9 【文本】属性面板

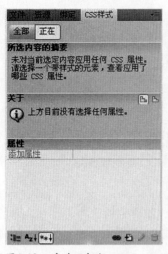

图1-10　浮动面板组　　图1-11　文件面板

5) 浮动面板组

浮动面板组是Dreamweaver操作界面的一大特色，用户可以通过单击窗口菜单中相应的面板名称调用／隐藏面板标如图1-10所示，各浮动面板组合在一起成为浮动面板组，这样的排列方式可以充分的节省屏幕的空间。

浮动面板组中常用的是文件面板、CSS样式面板，其中"文件"面板中的可以显示当前站点的所有可用文件资源并实现有效的管理。如图1-11所示。

1.4　网站设计流程

虽然每个网站的规模、内容和所提供的信息有所不同，但在网站设计制作阶段的基本流程都是相似的。

1.4.1　网站的需求分析

在设计一个网站的时候，需求分析是第一步，也是最重要的一步。只有明确了网站建设的需求，才能进行下面的工作。

要做好网站的需求分析。主要包括四个步骤：明确参与组织设计的人员，进行用户调查，进行市场调研和需求分析输出。其中，用户调查是需求分析的关键。主要包括以下几个方面。

(1) 网站当前以及日后可能出现的功能需求。

(2) 客户对网站性能（如访问速度）和可靠性的要求。

(3) 确定网站维护的要求。

(4) 网站的实际运行环境。

(5) 网站页面总体风格以及美工效果（必要的时候用户可以提供好参考站点或者由公司向用户提供）。

(6) 主页面和次级页面数量。是否需要多种语言版本等。

(7) 内容管理及录入任务的分配。

(8) 各种页面加特殊效果及其数量（JS，FLASH）。

(9) 项目完成时间及进度（可以根据合同）。

(10) 明确项目完成后的维护责任。

用户调查完毕后。网站开发者再从以下几个方面进行市场调研。

(1) 市场中同类网站产品的确定。

(2) 调研产品的使用范围和访问人群。

(3) 调研产品的功能设计（主要模块构成、特色功能、性能情况等）。

(4) 简单评价所调研的网站情况。

最后根据用户调查和市场调研的结果出具分析报告，经过"小组讨论决定方案，主要负责人签字，生效并打印文档"的程序，从而完成需求分析。

1.4.2 前期设计

在前期设计中，设计人员根据网站的模式和特点以及网站制作规范选择相应的开发工具，后台数据库，定制出最适当的标准样式、网站结构，将策划方案和开发标准打印并分发给小组成员人手一份，根据策划文档及网站设计规范，主要设计人员进行前期的首页设计。大致过程是：小组负责人确定设计进程时间并派发任务单，主要设计人员开始设计，提交审核，通过后主要负责人签字。

1.4.3 二级页面设计

在首页设计完毕后。整个网站的风格、标准、样式都已经建立，紧接着网站开发就进入了二级页面的设计阶段。大致过程是：依照网站设计规范和标准样式由小组负责人确定设计进程时间并派发任务单。主要设计人员按照既定的网站结构开始二级页面设计工作，提交审核，通过后主要负责人签字。

1.4.4 开始内容制作

1.4.2和1.4.3是设计阶段，制作出来的知识样板，并没有真正的进行大规模的开发，制作成网页文件。在本步骤中就是要将设计落实到所有网页中去。大致过程是：依照网页设计规范和标准样式由小组负责人确定制作进程时间并派发任务单。主要制作人员开始内容建设工作，与程序方面人员配合协调工作，递交审核。通过后主要负责人签字。

1.4.5 全面程序开发

1.4.4制作出来的是静态的网页。要实现复杂的功能，还必须有动态程序的支持。本步骤就是利用诸如Dreamweaver CS4之类的开发软件将页面与程序进行整合，由于本教材主要以静态网站为主，程序开发将不作为考虑对象。

1.4.6 完成并测试

经过程序与页面的整合，网站完成了设计与开发。网站策划人员把所有有关网站的备份文件以及原程序备份，并书写一份网站跟踪报告，说明此网站的建设工作所用资源、人力以及执行情况。但是，网站是否能够真正达到预期效果，还必须依靠软件质量保证部门进行测试，并对比测试结果进行相应的修改，才算最终完成了网站的开发。

1.4.7 发布网站

网站需要发布到互联网上才能被访问浏览。发布的方法有两种：一是网站拥有者向电信运营部门申请拥有独立（互联网协议）IP地址的线路，自行搭建Web服务器，并向域名管理部门申请域名指向该IP地址；二是向虚拟主机服务商申请虚拟主机和域名或者是申请主机托管。无论哪种方法，目的都是要为网站准备一个网络发布的网络域名和空间。网络空间主要用于存放网页文件、图像文件和其他数据文件等。域名类似于互联网上的门牌号码，是用于识别和定位互联网上计算机的层次结构式文字标识。与该计算机的IP地址相对应，比如我们熟悉的门户网站"搜狐"，"www.sohu.com"就是其域名。虚拟主机是一种多个网站共享一台服务器，但每个网站都可以拥有独立域名和完整服务器功能的技术。现在提供网络空间和域名申请的虚拟主机服务商有很多，如中国万网（www.net.cn）。网站的拥有者向这些运营商申请空间和域名。但必须根据申请空间的大小和相关功能、运行环境和域名的类型提供给服务方相应的费用。

1.4.8　上传到服务器和后期维护

当网站全部开发完毕并在本地计算机上测试后，就可将网站设计的全部页面文件和数据文件上传到所申请的服务器，一般使用FTP的方式上传。FTP的地址、账号和密码由虚拟主机服务商提供，如果是网站拥有者自行搭建的服务器，也建议使用FTP的方式上传，这样比较安全。上传完毕后，在浏览器中只要输入网站的域名或者地址就可以打开为站点浏览器网页的信息了。

网站上传到相应的服务器之后，在运行中可能会出现各种不同的问题。如页面的布局，网页内容，网页的主题，网站服务的功能等诸多方面需要修改。所以网站的后期维护是网站建设的重要环节。

本章通过创建本地站点、制作简单页面、利用表格制作网页、框架网页以及制作表单网页，介绍了各种网页的制作过程；通过各种网页制作的学习，能够理解各种页面制作的方法与技巧并能独立制作出各种网页。

2.1 创建本地站点

在制作网站中具体的页面之前，首先需要创建一个本地站点。本实例主要介绍如何新建站点、修改站点信息以及创建站点目录结构和相关内容。

2.1.1 新建站点

详细制作步骤：

(1) 新建站点可以通过【文件】面板来完成。展开【文件】面板组，单击【文件】面板中的【管理站点】命令，如图2-1所示。

也可以在Dreamweaver CS4窗口中选择菜单命令【站点】→【管理站点】。如果浮动面板组中没有【文件】面板组，可以通过菜单【窗口】→【文件】或直接按【F8】键即可。

(2) 在打开的【管理站点】对话框中，在其中单击【新建】按钮，并从下拉菜单中选择【站点】命令，如图2-2所示。

(3) 在打开的对话框中包括两个选项卡：【基本】和【高级】如图2-3所示。

图2-1 【文件】面板组

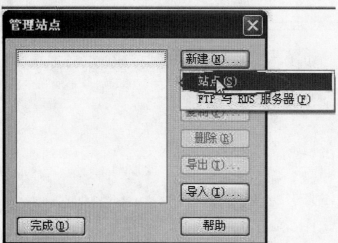

图2-2 【管理站点】对话框

如果读者为初学者，建议选择【基本】选项卡，这是一个创建站点的向导，可以带领用户逐步完成站点的创建；如若对站点的各个细节已经比较熟悉了，建议选择【高级】选项卡，这里选择默认的【基本】选项卡。

(4) 将本站点的名称更改为MyWebSite，其他为默认状态。单击"下一步"按钮，选择"否，我不想使用服务器技术"，如图2-4所示的对话框。

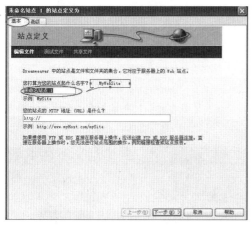

图2-3　站点定义对话框　　　　　　　　　　图2-4　选择服务器技术

本书制作的静态网站所以选择不使用服务器技术，如果读者想制作动态网站（使用ASP、ASP.NET、JSP、PHP等技术）则需要使用服务器技术。

(5) 单击"下一步"按钮，在打开的对话框的顶部包括两个选框，分别为"编辑我的计算机上的本地副本，完成后再上传到服务器"和"使用本地网络直接在服务器上进行编辑"，这里选择默认选项，如图2-5所示。

(6) 接着读者单击文本框旁边的浏览按钮 ，在打开的"选择站点MyWebSite的本地根文件夹"对话框中找到将要存放站点文件的文件夹，并选择相应位置，如图2-6所示。

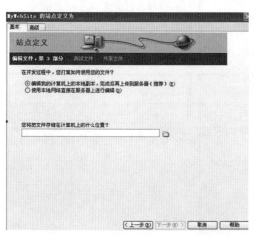

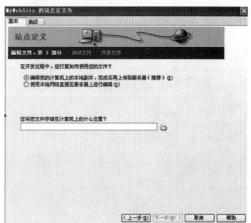

图2-5　选择使用方式　　　　　　　　　　图2-6　加入站点文件存放的路径

(7) 单击对话框中的"下一步"按钮，在出现的对话框中出现的如何连接的远程服务器，这里选择默认的"本地／网络"，如图2-7所示。

(8) 类似步骤6，单击文本框旁边的浏览按钮 □，在打开的"选择站点MyWebSite的远程根文件夹"对话框中找到将要存放站点文件的文件夹，并选择相应位置，如图2-8所示。

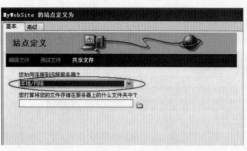
图2-7　设置连接到远程服务器

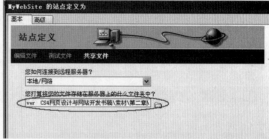
图2-8　设置远程存储在服务器上文件的位置

(9) 接着单击对话框中的"下一步"按钮，在出现的新对话框中选择默认选项，如图2-9所示。

图2-9　设置启用存回和取出

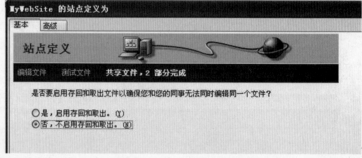

(10) 单击对话框中的"下一步"按钮进入结束对话框，其中列出了设置中的关键信息，如果需要修改设置，可以单击"上一步"按钮修改对话框中的内容；如果确信信息没有问题，单击"完成"按钮关闭对话框，如图2-10所示。

(11) 此时【文件】面板将会显现出本地站点的名称和存储路径。如图2-11所示。

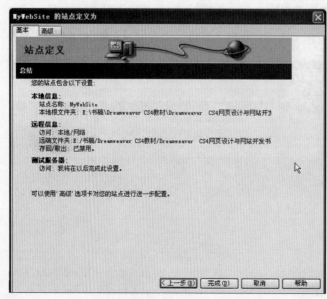

图2-11　本地站点名称和存储路径

图2-10　站点结束对话框

2.1.2　修改站点信息

如果创建者对站点的设置不满意，可以继续修改以上的站点。

详细制作步骤：

(1) 选择菜单命令【站点】→【管理站点】，在打开的【管理站点】对话框中单击"编辑"按钮，如图2-12所示。

(2) 将重新打开"MyWebSite的站点定义为"对话框。单击其中的"高级"标签切换到"高级"选项卡。如图2-13所示。

(3) 修改需要更新的信息即可。

"高级"选项卡中的选项较多，本书不做一一介绍，如需要可以参考其他网页方面书籍了解。

图2-12　选择"编辑"按钮

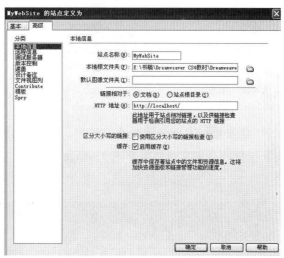

图2-13　"高级"选项卡

2.1.3　创建站点目录结构

创建了站点MywebSite后，此时站点还只是一个"空壳"，要成为站点还必须添加文件和文件夹，即就是要确定网站的文件目录结构。

详细制作步骤：

(1) 在【文件】面板中选择"MyWebSite"站点（参见光盘 素材\第二章\MyWebSite），再单击鼠标右键，在弹出的快捷菜单中选择【新建文件夹】命令，如图2-14所示。

(2) 新建的文件夹显示在【文件】面板中的"MyWebsite"站点下，将文件夹命名为xygk（校园概况），如图2-15所示。

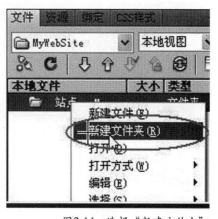

图2-14　选择"新建文件夹"

图2-15　新建的xygk文件夹

（3）重复步骤1，2，分别创建script，image，swf，xywh，jyjx，gjhz（脚本、图片、动画、校园文化、教育教学、国际合作）等文件夹，如图2-16所示。

注意：
　　本文中的文件名或文件夹名一律用英文，否则会出现异常情况。

图2-16　新建其他文件夹

（4）单击鼠标左键选择xygk文件夹，单击右键，在弹出的快捷菜单中选择【新建文件夹】创建一个子文件夹并命名为image，如图2-17所示。

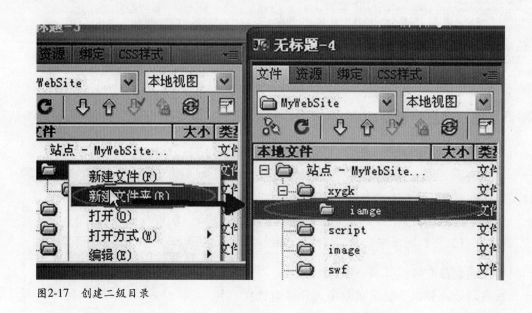

图2-17　创建二级目录

（5）重复步骤4，分别在xywh，gjhz文件夹下创建二级目录image，如图2-18所示。

（6）选择站点"MyWebSite"单击右键，在弹出的快捷菜单中选择【新建文件】，创建如图2-19所示的"index.html"。

图2-18　创建其他二级目录　　　　　　　　　　　图2-19　创建首页

2.2　制作简单页面

创建站点之后需要制作网页，本实例将通过创建一个简单的网页，使读者了解在Dreamweaver CS4中创建网页的基本方法和过程。

详细制作步骤：

（1）执行【开始】→【所有程序】→【Adobe Dreamweaver CS4】菜单命令，打开起始页，如图2-20所示。

（2）在起始页的【新建】栏中单击【HTML】选项，如图2-21所示，Dreamweaver将会自动创建一个空白的HTML网页。

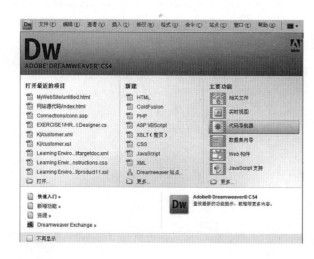

图2-20　起始页

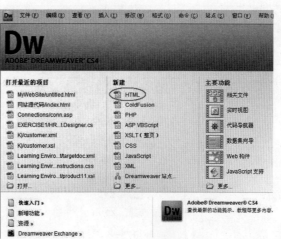

图2-21　创建HTML网页

（3）在新建的HTML页面中单击【页面属性】，弹出页面属性对话框，大小设置为"12px"，文本颜色为红色（#FF0000），背景图像为"bg.png"，如图2-22所示。

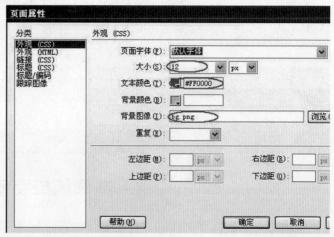

该背景图片请参见光盘\素材\第二章\bg.png。

图2-22　设置页面属性

背景图像"bg.png"中采用的是相对地址，也可以使用绝对地址（图片的完整的路径），在网站开发过程中地址一般采用的是相对地址。

（4）单击"确定"按钮后，进入编辑页面，在空白页面区编辑窗口中输入古诗《静夜思》的内容，如图2-23所示。

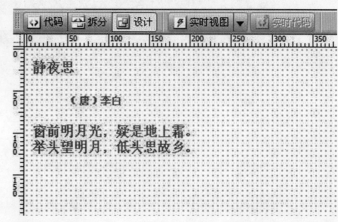

图2-23　输入文字

（5）选中输入文字，单击【属性面板】中的【CSS】按钮，并选择居中对齐按钮，如图2-24所示。

（6）按【F12】键，系统自动会打开浏览器，并在其中显示网页效果，如图2-25所示。

（7）如果制作比较满意，可按【文件】→【另存为】或【Ctrl+Shift+S】组合键，打开如图2-26所示的【另存为】对话框，在其中选择网页的保存路径，在【文件名】文本框中输入网页的名称后单击【保存】按钮即可保存当前网页。

图2-24　设置居中对齐

图2-25　网页效果　　　　图2-26　【另存为】对话框

2.3　利用表格设计页面

在Dreamweaver中，通过表格可以将页面划分为不同的部分，实现对元素的准确定位。表格是对文本和图形进行布局的重要工具。合理地利用表格布局页面，不但有助于清晰地搭建页面结构，又能保证形式上的丰富多彩。本实例通过表格设计页面，使读者掌握创建表格、编辑表格以及向表格中添加内容。

2.3.1　创建表格

在制作网页之前要利用表格搭建网页框架，以及设置网页的页面属性等等。

详细制作步骤：

(1) 新建一个HTML空白页面，点击【属性面板】中的【页面属性】按钮，设置"页面字体"为"宋体"，"大小"为"9pt"，"文本颜色"为"黑色（#000000）"，背景颜色为"白色（#FFFFFF）"，上下左右边距为0像素，如图2-27所示。

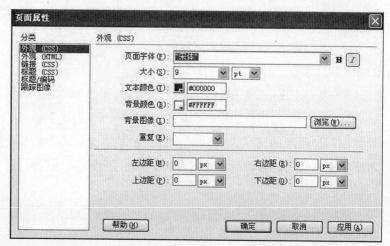

图2-27　设置页面属性

(2) 点击插入面板中常用标签下的"插入表格"国按钮（或执行【插入】→【表格】或者直接按【Ctrl+Alt+T】组合键），打开插入表格对话框。

　　如果插入面板显示的不是常用选项，可以点击菜单按钮，在弹出的菜单中选择常用选项。

（3）如图2-28所示，在打开的表格对话框中设置3行1列表格，宽度为750像素，边框粗细为0，单元格边距为10像素，单元格间距为0。

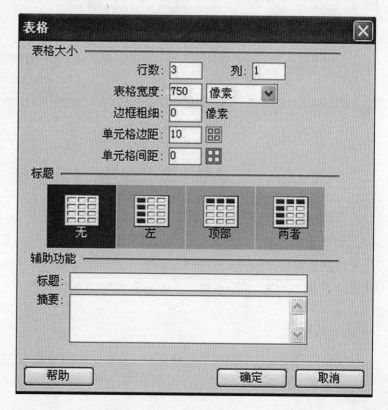

图2-28　插入表格

提示

边框粗细，表格的边框，数值越大，边界越粗；单元格编辑，单元格边框相对于单元格内容距离；单元格间距：表格内单元格之间的距离。

表格的宽度，可以用百分比和像素表示。百分比表示表格宽度同浏览窗口宽度的百分比，用此单位插入的表格宽度为一个相对数，当浏览器窗口的宽度发生变化时，表格的宽度也发生变化。像素表示以像素值设置表格宽度，用此单位插入的表格宽度为一个固定值，它不会随浏览器窗口的变化而变化。

（4）单击"确定"按钮，编辑窗口中显示3行1列的表格。选中新建表格，在【属性面板】中的【对齐】选项中选择"居中对齐"选项，表格将居中对齐，如图2-29所示。

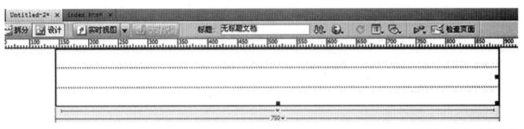

图2-29　居中对齐表格

2.3.2.　编辑表格

建立表格后需要对表格进行修改，如添加表格的列数，拆分行数，以及嵌套表格等等。详细制作步骤：

（1）选择第一个单元格，按【Ctrl+Alt+T】组合键，插入一个3行3列表格，宽度为80%，边框粗细为0，单元格边距、间距都为0，如图2-30所示。

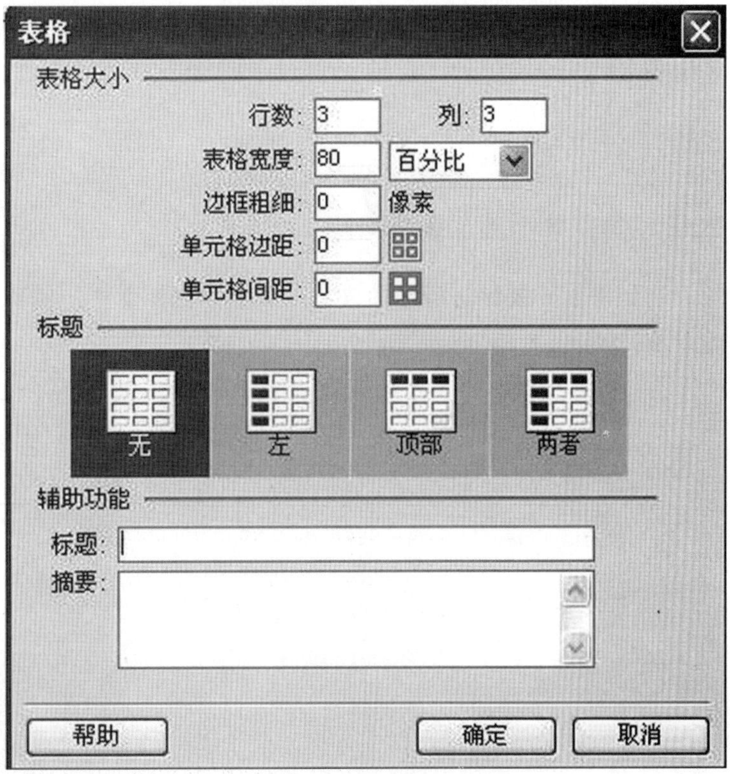

图2-30　插入嵌套表格

（2）单击"确定"按钮，如图2-31所示，插入嵌套表格，并设置该嵌套表格的第一行第1列的宽度为40像素，第一行第3列的宽度为16像素。

（3）将光标定位至嵌套表格的第二行第二列，按【Crtl+Alt+T】组合键，插入一个1行2列，宽度为100%，边框粗细为0，单元格边距与间距都为0的表格，并设置第1个单元格的宽度为130像素，如图2-32所示。

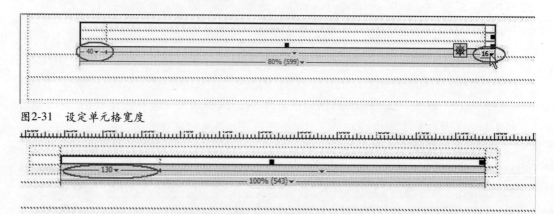

图2-31　设定单元格宽度

图2-32　编辑单元格

（4）将光标定位至最外层表格的第二、三行，重复步骤2，3编辑表格，插入嵌套表格并且设置单元格的宽度如图2-33所示。

图2-33　编辑单元格

2.3.3　向表格中添加内容

在结束编辑表格之后要向表格中添加内容如文字、图片以及文字、图片的超级链接等等。

（1）将光标定位至嵌套表格的第1行第1列，按【Ctrl+Alt+I】组合键，插入图片"index1.gif"，如图2-34所示。

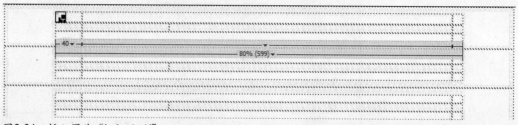

图2-34　插入图片"index1.gif"

提示

本节中所有的图片请 ① 参见光盘 \素材\第二章，后面不再叙述。

(2) 将光标定位至嵌套表格的第1行第3列，按【Ctrl+Alt+I】组合键，插入图片"index2.gif"，如图2-35所示。

图2-35　插入图片"index2.gif"

(3) 将光标定位至嵌套表格的第3行第1列，第3列，按【Ctrl+Alt+I】组合键，分别插入图片"index3.gif，index4.gif"，如图2-36所示。

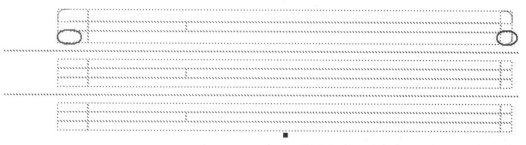

图2-36　插入图片"index3.gif，index4.gif"

(4) 将光标定位至嵌套表格的第2行第2列，在内嵌表格的单元格的第1行第1列，按【Ctrl+Alt+I】组合键，插入图片"designname.gif"，如图2-37所示。

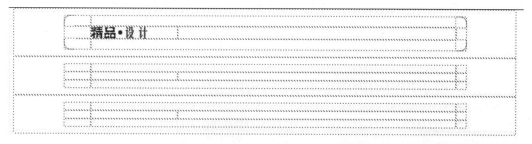

图2-37　插入图片"designname.gif"

(5) 插入图片"designname.gif"后，按回车键，【Ctrl+Alt+I】组合键，插入图片"designtu.jpg"，调整单元格的宽度为158像素，选中图片"designtu.jpg"使其对齐方式为右对齐，如图2-38所示。

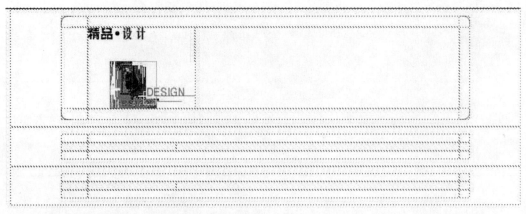

图2-38　插入并设置图片 "designtu.jpg"

(6) 在插入图片的右侧单元格内，输入如图2-39所示的文本。

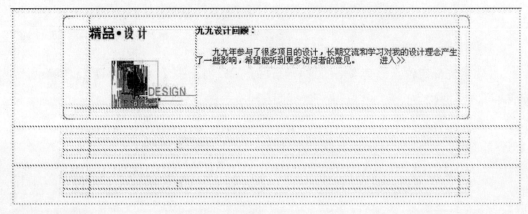

图2-39　输入文本

提示　如需设置文本在垂直方向顶端对齐，则需要在【属性面板】的【CSS】按钮的"垂直"选项选择"顶端"对齐方式。

(7) 选中"进入>>"，在【属性面板】的【HTML】按钮，在其"链接"的选项中，输入链接的网页地址，在这里为选择空链接，可以输入"#"，如图2-40所示。

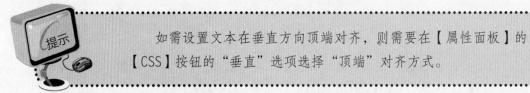

图2-40　设置超级链接

(8) 重复步骤1，2，3，分别在第2行的嵌套表格内，插入图片 "index1.gif，index2.gif，index3.gif，index4.gif"，如图2-41所示。

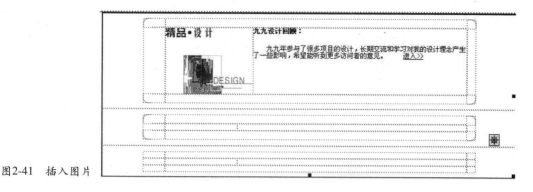

图2-41 插入图片

(9) 重复步骤4，5，插入图片"artname.gif，arttu.jpg"，并调整单元格的宽度以及"arttu.jpg"图片的对齐方式，如图2-42所示。

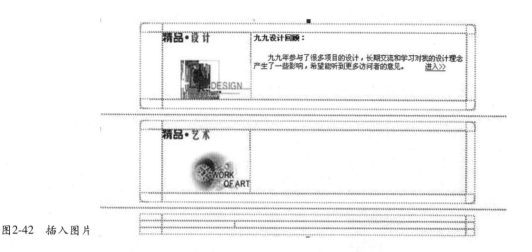

图2-42 插入图片

(10) 重复步骤6，向相应的单元格内输入文本，如图2-43所示。

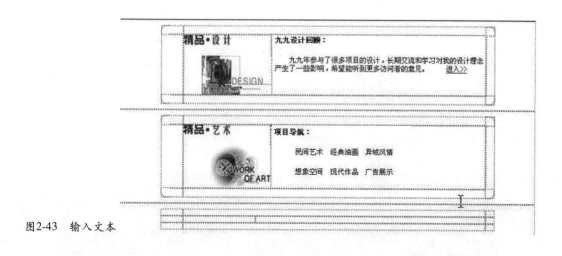

图2-43 输入文本

(11) 重复步骤1～步骤6，分别插入图片"index1.gif，index2.gif，index3.gif，index4.gif，fashionname2.gif，fashiontu.jpg"，调整相应单元格的宽度以及相应图片的对齐方式，并在其相应位置输入文本，如图2-44所示。

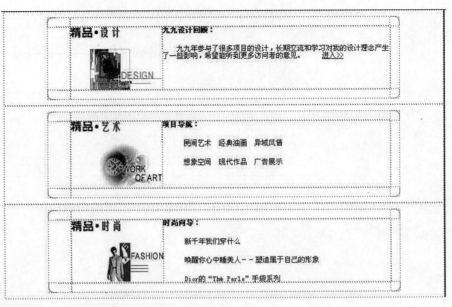

图2-44 向表格中添加内容

(12) 按【F12】键,系统自动会打开浏览器,并在其中显示网页效果,如图2-45所示。

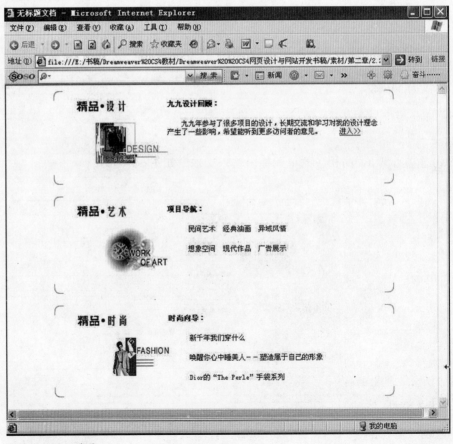

图2-45 页面效果

(13) 如果制作比较满意,可按【文件】→【另存为】或【Ctrl+Shift+S】组合键,打开如图2-46所示的【另存为】对话框,在其中选择网页的保存路径,在【文件名】文本框中输入网页的名称为"2.2.html",并单击【保存】按钮即可保存当前网页。

图2-46 【另存为】对话框

2.4 框架网页设计

框架用来拆分浏览器窗口，在不同的区域显示不同的网页，框架的使用让网页的组织变得更加有序。本实例将介绍如何创建、修改和保存框架网页。

2.4.1 创建框架

首先需要创建一个新网页，该网页将作为控制框架结构的页面，然后在Dreamweaver中将对该网页进行拆分，从而获得自己需要的框架结构。

详细制作步骤：

(1) 新建一个空白HTML页面，将【插入】面板切入到【布局】选项，在其中的单击"框架" 旁的下拉按钮，此时将展开一个框架列表菜单，如图2-47所示。

(2) 这里选择"左侧和嵌套的顶部框架"命令，此时的网页变成，如图2-48所示。

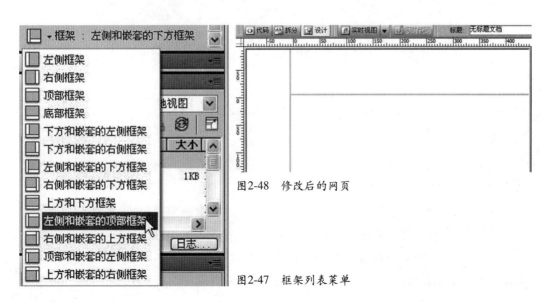

图2-48 修改后的网页

图2-47 框架列表菜单

如果要调整框架的宽度或高度,可以直接用鼠标拖放框架的边框。

框架边框只是在编辑窗口中显示。在浏览器中,框架网页是否有边框,以及边框的宽度、颜色等都可以通过框架的设置来控制。

2.4.2 设置框架

通过前面一节创建了框架以后,接着给每个框架指定或新建一个具体内容的页面。

详细制作步骤:

(1) 选择菜单命令【窗口】→【框架】或按组合键【Shift+F2】,此时打开"框架"面板,如图2-49所示。

(2) 单击其中框架最外侧的边框,此时将会选中最高一层的框架集,如图2-50所示。

图2-49　框架面板

图2-50　选中的框架集

(3) 此时的【属性面板】将显示该框架集的属性,设置列的值为170像素,如图2-51所示。

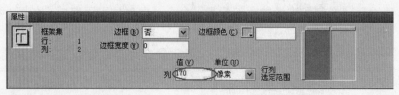

图2-51　框架集的"属性"面板

"边框":用来设定框架是否有边框。"是"为右边框;"否"为无边框;"默认"是根据浏览器的默认设置决定是否有边框,对于大多数浏览器而言,这一项都默认有边框。

"边框宽度":用来设定框架结构中边框的宽度,单位是像素。

"边框颜色":用来设定边框的颜色,可以单击颜色框,在打开的拾色器中进行选择。

(4) 在"框架"面板上单击垂直方向的边框，将选中第2级框架集，如图2-52所示。

(5) 此时的【属性面板】将显示该框架集的属性，设置列的值为30像素，如图2-53所示。

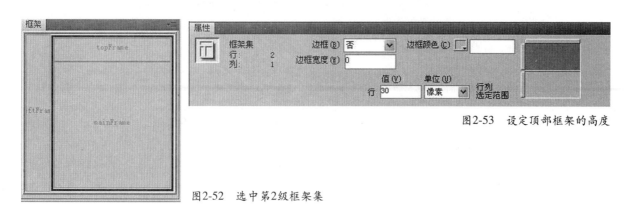

图2-53　设定顶部框架的高度

图2-52　选中第2级框架集

(6) 在"框架"面板上单击左侧框架，选中该框架，如果2-54所示，此时【属性面板】上将会显示该框架的属性，如图2-55所示。

(7) 设置【属性面板】中源文件为"left.html"，如图2-56所示。

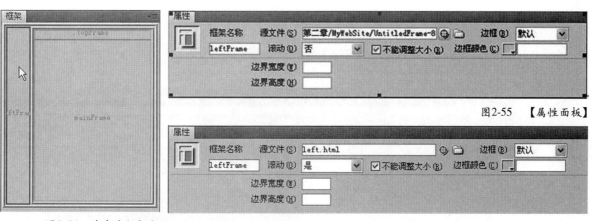

图2-55　【属性面板】

图2-54　选中左侧框架

图2-56　更改文件名及路径

(8) 用同样的方法指定顶部框架的名称为topFrame，指定"源文件"为top.htm，如图2-57所示。

(9) 再指定右侧下部框架的名称为rightframe，指定的"源文件"为desktop.htm，如图2-58所示。

图2-57　顶部框架的属性

图2-58 右部下侧框架的属性

2.4.3 制作源文件网页

框架搭建以及属性设定完毕后，现在要开始制作源文件中left.html，top.html以及desktop.html网页。

> 由于篇幅的缘故，不详细介绍left.html，top.html以及desktop.html的制作过程，可以参照实例2.3制作。源文件 参见光盘 \素材\第二章\Frame下。
>
> left.html，top.html以及desktop.html网页中的图片分别 参见光盘 \素材\第二章\Frame\image\left，top，desktop文件夹下。

(1) 制作top.html页面，效果如图2-59所示。
(2) 制作left.html页面，效果如图2-60所示。

欢迎您，高吉和老师 >>>首页　　　　2010年1月28日 星期四

图2-59 top.html网页效果

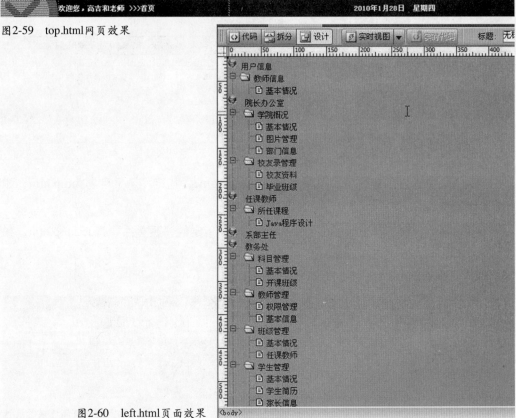

图2-60 left.html页面效果

(3) 制作desktop.html页面，效果如图2-61所示。

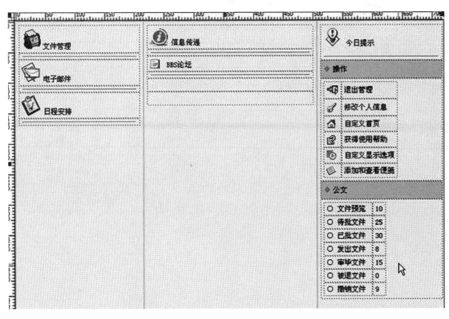

图2-61 desktop.html页面效果

2.4.4 保存框架及浏览框架网页

当完成了前面的任务以后，最后就是保存框架，以及浏览框架网页。

(1) 选择菜单命令【文件】→【保存全部】，此时Dreamweaver会自动打开"另存为"对话框，在其中指定文件名为index.html，如图2-62所示。

图2-62 "另存为"对话框

(2) 按【F12】键，系统自动会打开浏览器，并在其中显示网页效果，如图2-63所示。

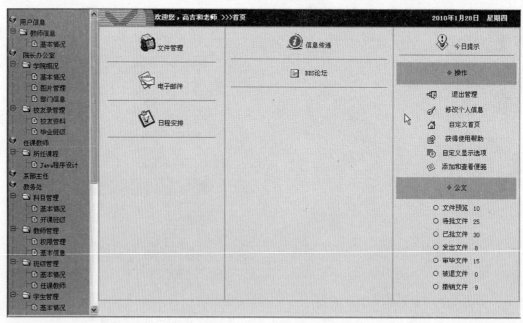

图2-63　框架网页的效果

2.5　制作表单页面

读者通常需要通过同网站进行交流，这些需要用到表单，它可以帮助读者收集各种用户信息和反馈意见。学好表单，为制作动态网页的学习打下了扎实的基础。通过本实例的学习，能掌握表单元素的各项属性，能独立制作完成常见的各种表单页面。

2.5.1　确定页面布局

创建表单页面之间首先创建用于放置各种表单元素的表格，也就是要用表格规划好表单元素的放置位置。

详细制作步骤：

(1) 新建一个空白HTML网页，按【Ctrl+Alt+T】组合键，插入一个13行2列的表格，利用它来控制各种表单元素和说明文字的位置，插入表格如图2-64所示。

(2) 合并表格中的第1，11，12行的单元格，并且将合并后第1行和第11行分别加上背景颜色（#FFCC00），效果如图2-65所示。

图2-64　插入表格的属性

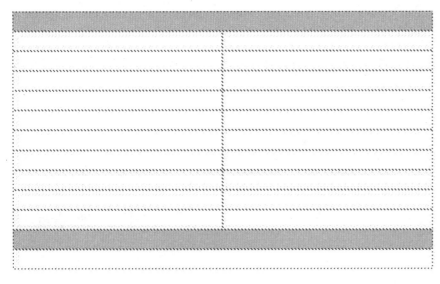

图2-65 修改后的表格

(3) 将光标放置在左侧任意单元格中，设置单元格的宽度为100像素，此时的表格如图2-66所示。

(4) 在相应的单元格中分别输入文本，此时的页面效果如图2-67所示。

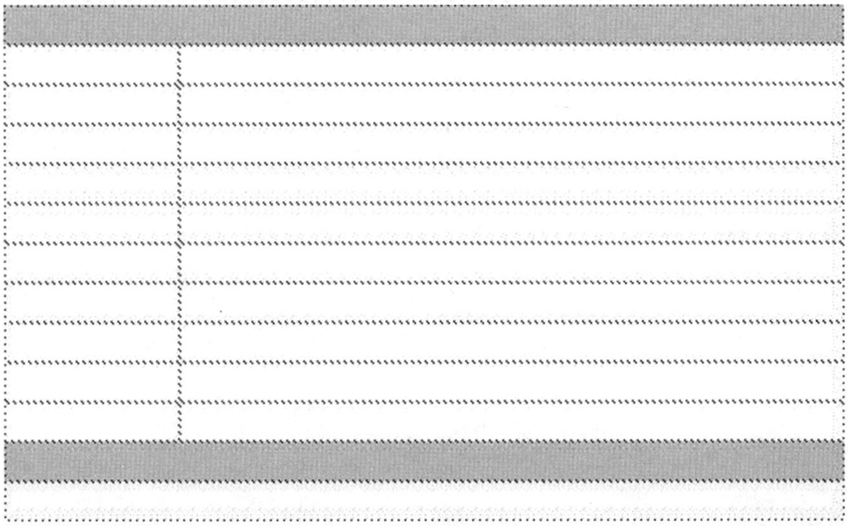

图2-66 调整宽度后的表格

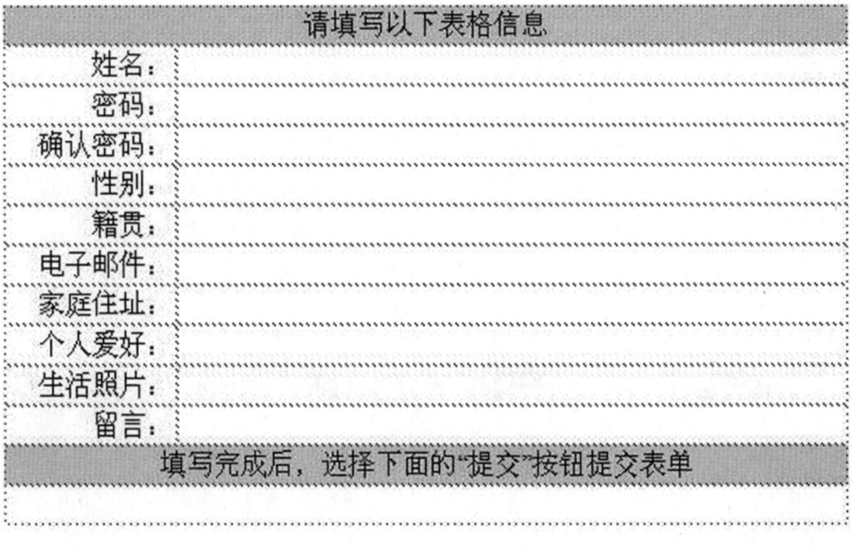

请填写以下表格信息	
姓名：	
密码：	
确认密码：	
性别：	
籍贯：	
电子邮件：	
家庭住址：	
个人爱好：	
生活照片：	
留言：	
填写完成后，选择下面的"提交"按钮提交表单	

图2-67 输入文本

2.5.2　添加表单域

在设定好网页中的文字和版式后，需要在里面添加各种表单元素，这些元素可以用"表单"面板上的相应按钮插入。

详细制作步骤：

(1) 在【插入面板】上切换到【表单】选项，如图2-68所示。

(2) 在表单选项中选中"表单"按钮▥，此时在页面中会出现一个红色的虚线框，如图2-69所示。

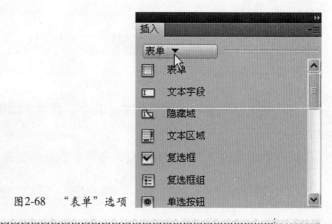

图2-68　"表单"选项

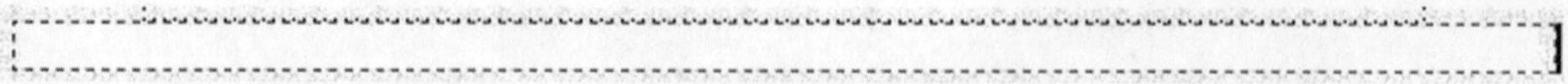

图2-69　插入的表单域

(3) 选中表格，利用组合键【Ctrl+X】将它剪切到剪贴板，然后单击虚线框，当【属性面板】显示表单的属性时表示已经选中了表单，此时再用组合键【Ctrl+V】将表格粘贴在表单内，如图2-70所示。

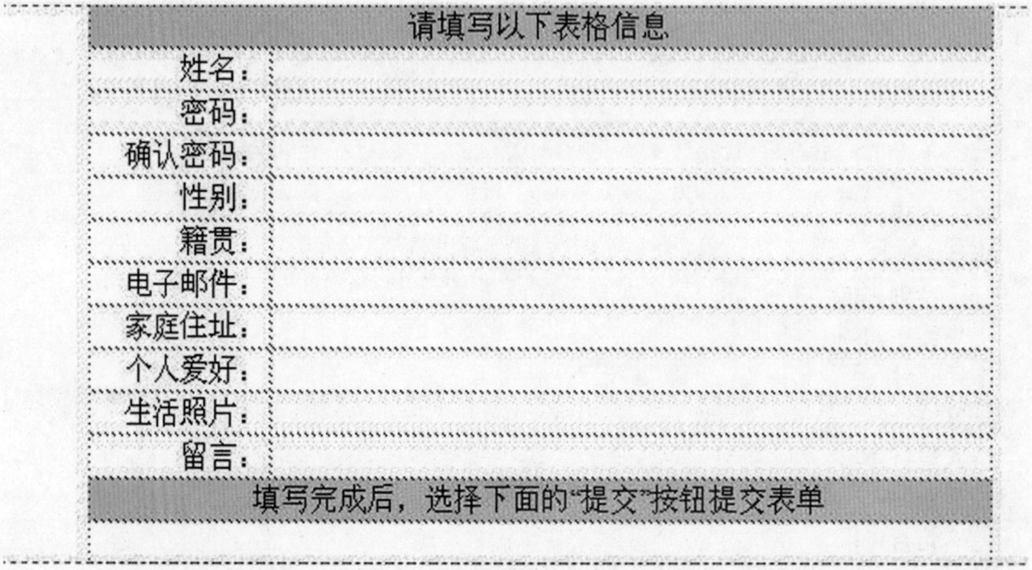

请填写以下表格信息	
姓名：	
密码：	
确认密码：	
性别：	
籍贯：	
电子邮件：	
家庭住址：	
个人爱好：	
生活照片：	
留言：	
填写完成后，选择下面的"提交"按钮提交表单	

图2-70　移动表格至表单中

2.5.3 添加表单对象

添加表单域之后，需要向表单域中添加相关的对象，如文本框、单选按钮、复选框、菜单和列表等等。

(1) 在“姓名”右侧的单元格内添加一个单行文本框，用来输入用户的姓名，将光标放到该单元格，然后在【插入面板】中单击“文本字段”按钮，如图2-71所示。

插入
表单
表单
文本字段
隐藏域
文本区域
复选框
复选框组
单选按钮

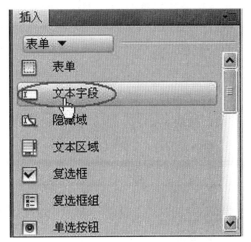

图2-71 “文本字段”按钮

(2) 插入文本字段按钮后，单元格中出现一个单行的文本框，如图2-72所示。

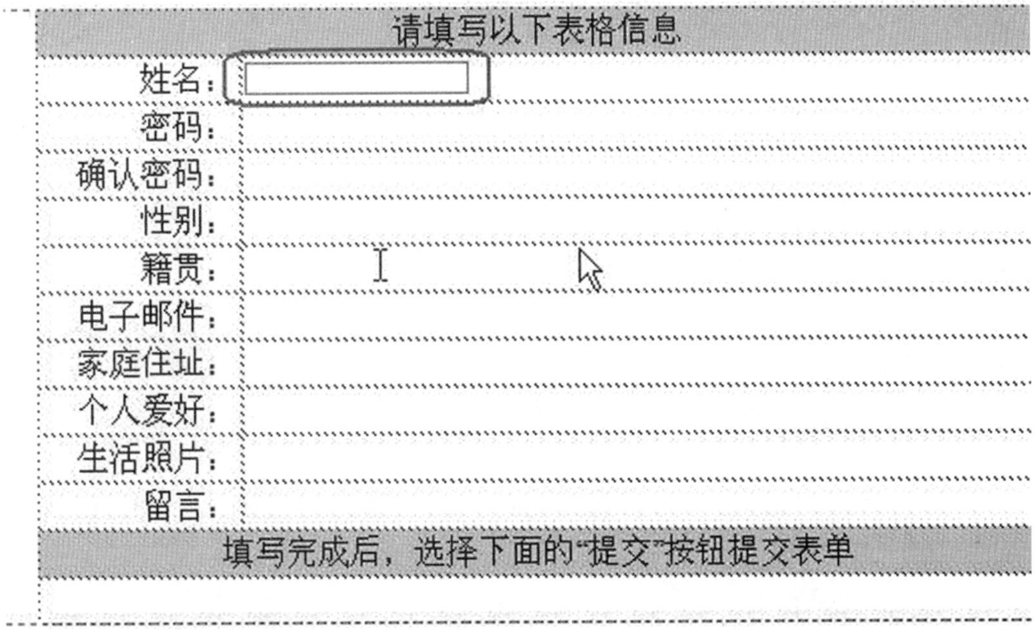

请填写以下表格信息
姓名：
密码：
确认密码：
性别：
籍贯：
电子邮件：
家庭住址：
个人爱好：
生活照片：
留言：
填写完成后，选择下面的“提交”按钮提交表单

图2-72 插入文本框

(3) 选中该文本框，在【属性面板】设置文本域为“username”，字符宽度为“16”，最多字符数为“20”，其他为默认选项（图2-73）。

属性
文本域
username
字符宽度(W) 16
最多字符数 20
类型 单行(S) 多行(M) 密码(P)
初始值(I)
禁用(D)
只读(R)

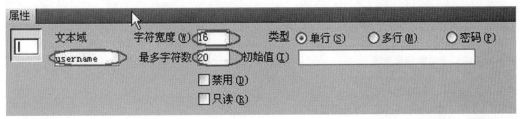

图2-73 设定文本框的属性

(4) 选中刚插入的文本框，然后按组合键【Ctrl+C】复制，再选中"密码"后的单元格并按【Ctrl+V】组合键粘贴，此时将在该单元格出现一个文本框，如图2-74所示。

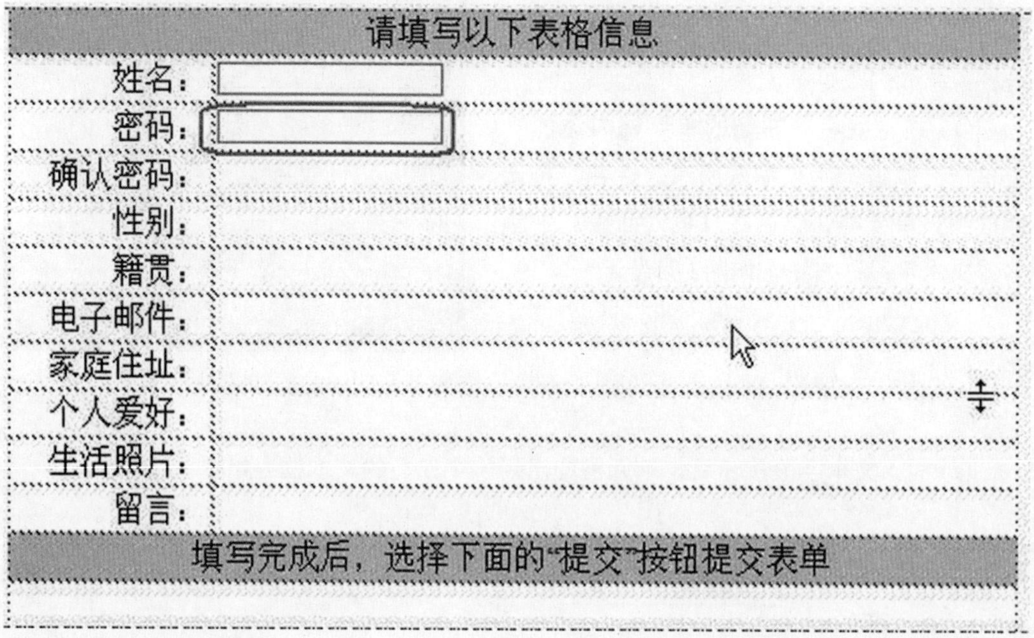

请填写以下表格信息

姓名：	
密码：	
确认密码：	
性别：	
籍贯：	
电子邮件：	
家庭住址：	
个人爱好：	
生活照片：	
留言：	

填写完成后，选择下面的"提交"按钮提交表单

图2-74 粘贴后的文本框

(5) 选中"密码"后的文本框，在【属性面板】中设置文本域为"password"，类型为"密码"，初始值为"123456789"，如图2-75所示。

图2-75 设置密码框属性

(6) 复制"密码"后的文本框，在"确定密码"后粘贴，只需要在【属性面板】中更改文本域为"password2"，如图2-76所示。

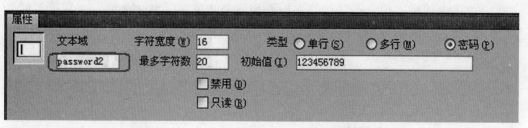

图2-76 设定确定密码框后属性

(7) 在"性别"右侧的单元格内，两次单击【插入面板】中的"单选按钮"，并输入相关文字，如图2-77所示。

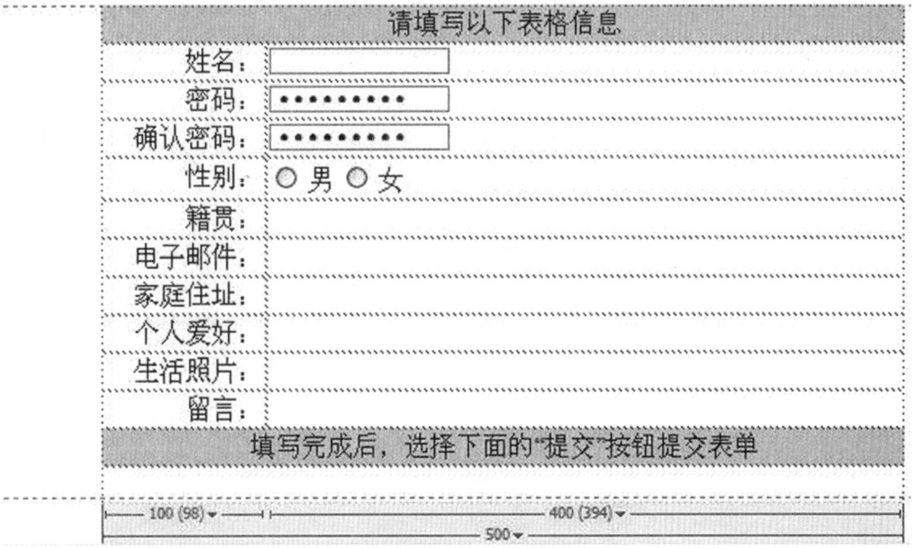

请填写以下表格信息	
姓名：	
密码：	••••••••
确认密码：	••••••••
性别：	○ 男 ○ 女
籍贯：	
电子邮件：	
家庭住址：	
个人爱好：	
生活照片：	
留言：	
填写完成后，选择下面的"提交"按钮提交表单	

├── 100 (98) ──┤────── 400 (394) ──────┤
├────────────── 500 ──────────────┤

图2-77 插入单选按钮

(8) 选定第一单选按钮，在【属性面板】中设定单选按钮为"sex"，选定值为
"male"，初始状态设为"已勾选"，如图2-78所示。

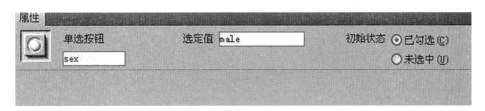

图2-78 设定单选按钮的属性

(9) 利用同样的方法，设定第二个单选按钮的属性，将单选按钮设定为"sex"，
选定值设定为"female"，初始状态为"未选中"。

(10) 在"籍贯"右侧的单元格内，从【插入面板】中选择"列表／菜单" ▥ 按
钮，并输入相关文字，如图2-79所示。

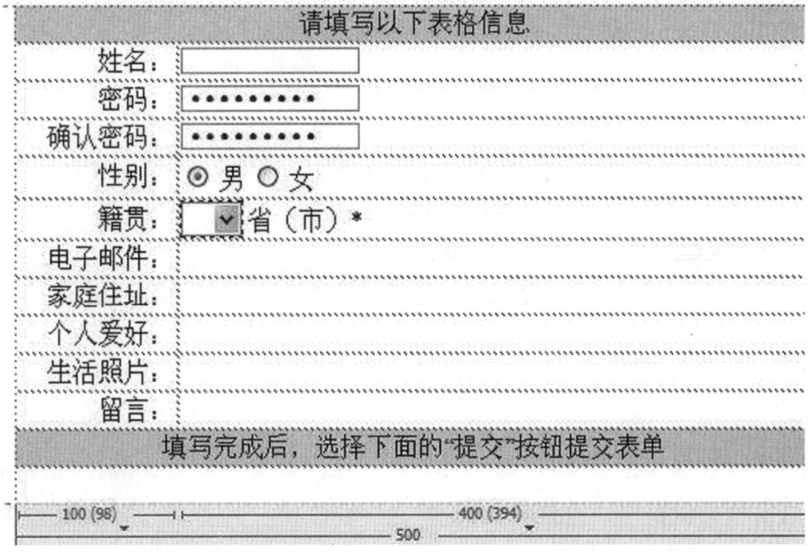

请填写以下表格信息	
姓名：	
密码：	••••••••
确认密码：	••••••••
性别：	⊙ 男 ○ 女
籍贯：	[▼] 省（市）*
电子邮件：	
家庭住址：	
个人爱好：	
生活照片：	
留言：	
填写完成后，选择下面的"提交"按钮提交表单	

├── 100 (98) ──┤────── 400 (394) ──────┤
├────────────── 500 ──────────────┤

图2-79 插入列表／菜单

(11) 选中菜单按钮，在【属性面板】中设置其名称为"province"，类型为"列表"，如图2-80所示。

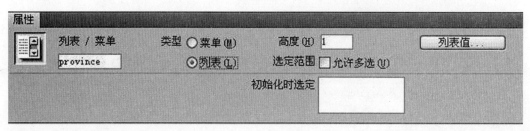

图2-80　设置列表属性

(12) 单击【列表值】按钮，添加列表值，如图2-81所示。

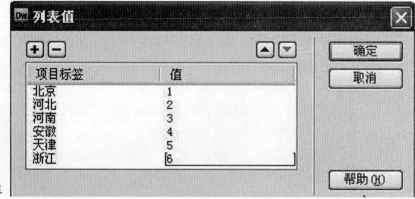

图2-81　添加列表值

(13) 单击确定按钮，完成列表值的插入，此时页面效果如图2-82所示。

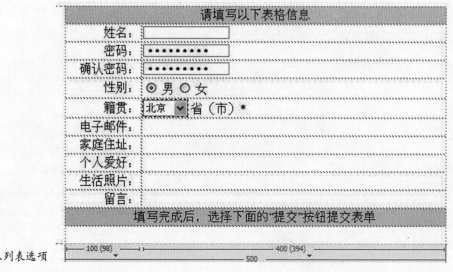

图2-82　插入列表选项

(14) 类似于步骤1，2，3分别在"电子邮件"、"家庭住址"右侧插入文本框，在【属性面板】中，设置名称分别为"mail"，"address"，页面效果如图2-83所示。

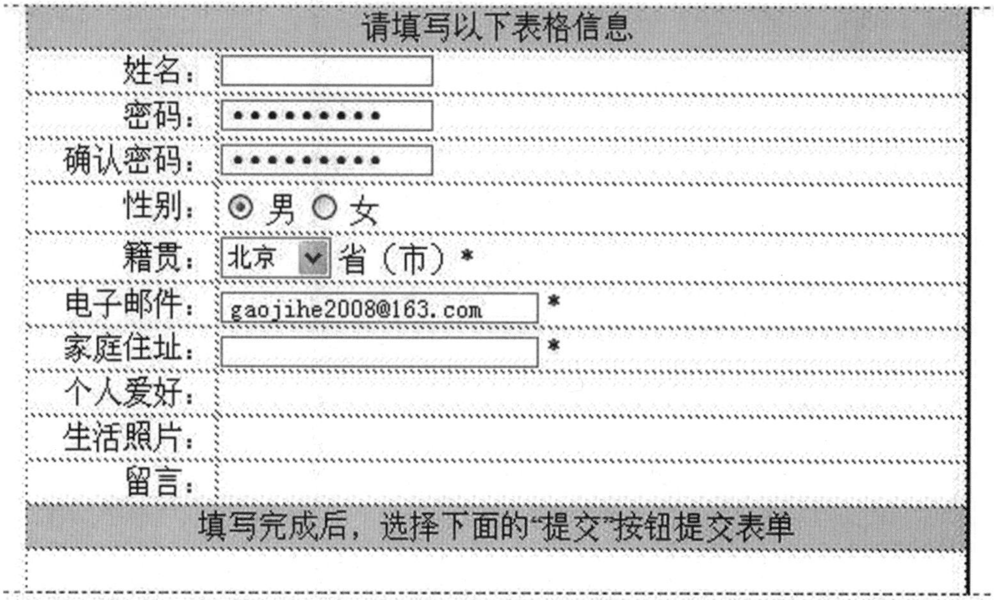

图2-83　插入文本框后的效果

(15) 在"个人爱好"右侧，单击【插入面板】内复选框按钮4次，并输入相关的文本，效果如图2-84所示。

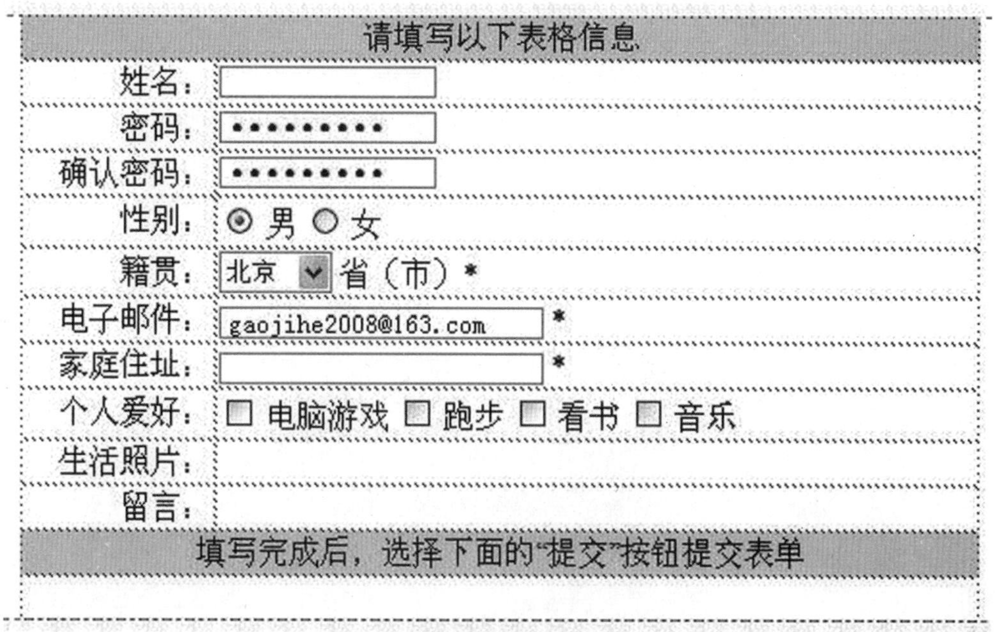

图2-84　插入复选框

(16) 在【属性面板】中设定相同的名称都为"lovely"。选定值分别为"computer"，"running"，"reading"，"music"，初始状态都是"已勾选"，如图2-85所示。

(17) 类似于步骤15，16在"生活照片"、"留言"右侧单元格分别插入文件域与文本区域并输入相关文本，如图2-86所示。

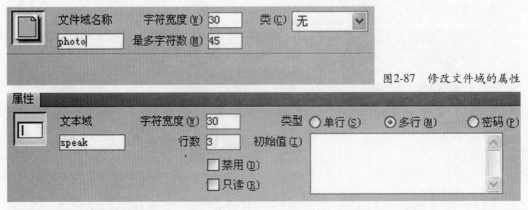

属性

复选框名称 选定值(V) music 初始状态 ⊙已勾选(C)
lovely ○未选中(U)

图2-85 修改复选框属性

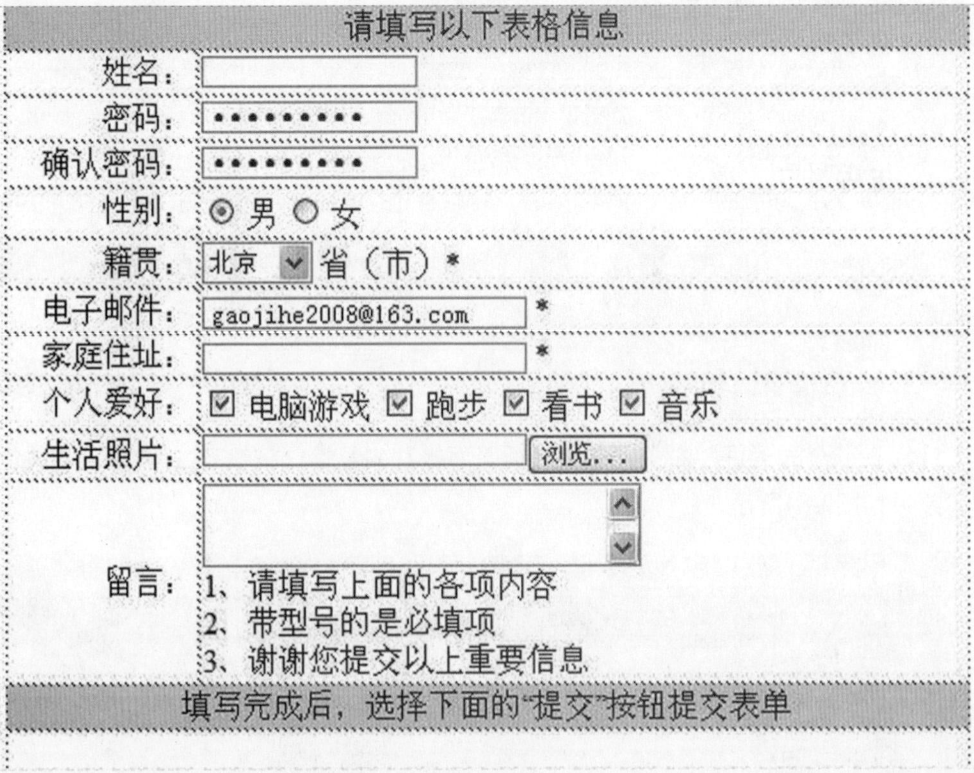

请填写以下表格信息

姓名：
密码： ●●●●●●●●
确认密码： ●●●●●●●●●
性别： ⊙男 ○女
籍贯： 北京 ▼ 省（市）*
电子邮件： gaojihe2008@163.com *
家庭住址： *
个人爱好： ☑电脑游戏 ☑跑步 ☑看书 ☑音乐
生活照片： 浏览...
留言： 1、请填写上面的各项内容
2、带型号的是必填项
3、谢谢您提交以上重要信息
填写完成后，选择下面的"提交"按钮提交表单

图2-86 插入文件域与文本区域后效果

(18) 设置文件域，文本区域的属性如图2-87、图2-88所示。

文件域名称 字符宽度(W) 30 类(C) 无 ▼
photo 最多字符数(M) 45

图2-87 修改文件域的属性

属性

文本域 字符宽度(W) 30 类型 ○单行(S) ⊙多行(M) ○密码(P)
speak 行数 3 初始值(I)
☐禁用(D)
☐只读(R)

图2-88 修改文本区域的属性

(19) 在最后一行，利用【插入面板】单击插入按钮🔲两次，分别在【属性面板】中设置提交，重置按钮的属性如图2-89、图2-90所示。

(20) 设置属性后，整体网页的页面效果如图2-91所示。

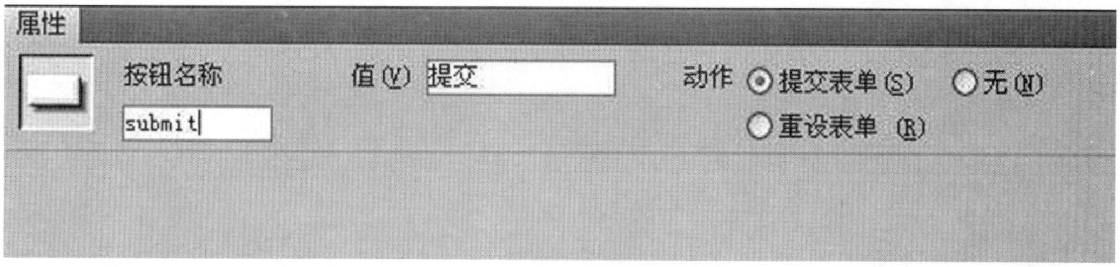

图2-89 修改提交按钮属性

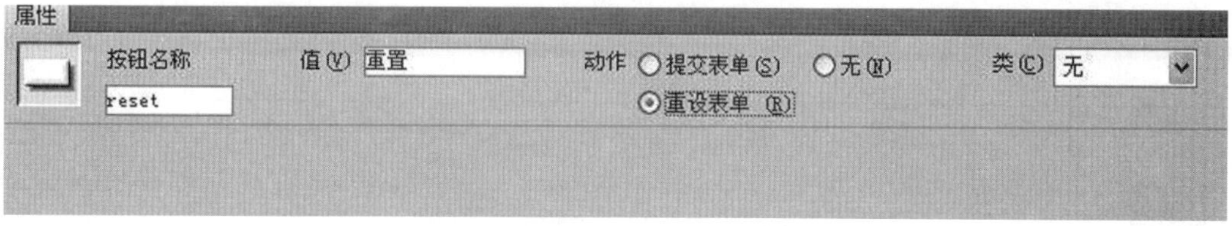

图2-90 重置按钮属性

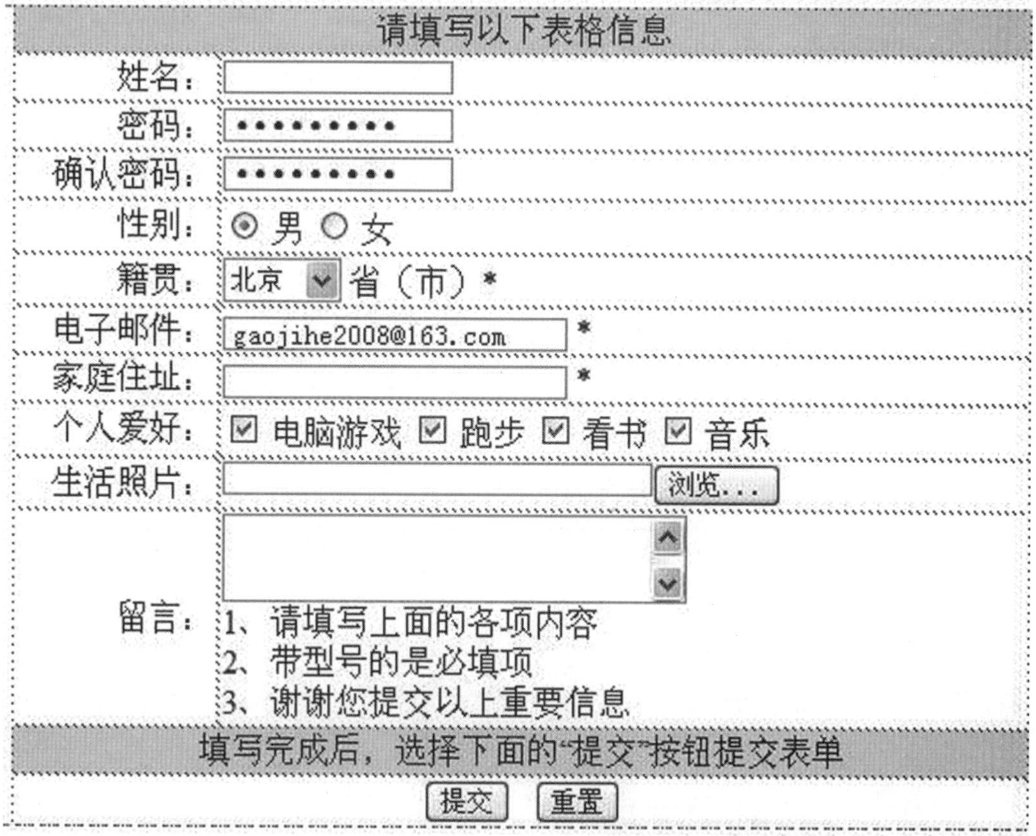

图2-91 整体页面效果

2.5.4 保存于浏览网页

当完成了前面的任务以后，最后就是保存网页，以及浏览网页。

(1) 选择菜单命令【文件】→【文件另存为】，此时Dreamweaver会自动打开"另存为"对话框，在其中指定文件名为form.html，如图2-92所示。

(2) 按【F12】键，系统自动会打开浏览器，并在其中显示网页效果，如图2-93所示。

图2-92 "另存为"对话框

请填写以下表格信息

姓名：

密码：

确认密码：

性别：⊙ 男 ○ 女

籍贯：北京 省（市）*

电子邮件：gaojihe2008@163.com *

家庭住址：*

个人爱好：☑ 电脑游戏 ☑ 跑步 ☑ 看书 ☑ 音乐

生活照片：浏览...

留言：1、请填写上面的各项内容
2、带型号的是必填项
3、谢谢您提交以上重要信息

填写完成后，选择下面的"提交"按钮提交表单

提交 重置

图2-93 浏览器中网页效果

提示 表单中的跳转菜单技术以及添加搜索引擎技术，本书中不做介绍，若有需要可以参考相关资料查阅。

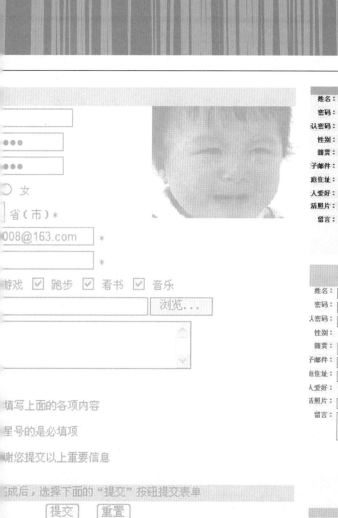

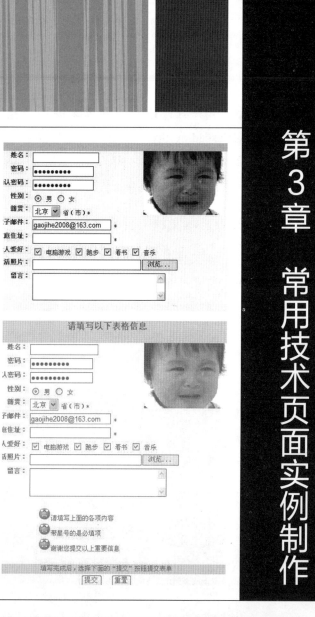

请填写以下表格信息

姓名：
密码： ●●●●●●●●
人密码： ●●●●●●●●
性别： ⊙ 男 ○ 女
籍贯： 北京 ▼ 省（市）＊
子邮件： gaojihe2008@163.com ＊
连住址： ＊
人爱好： ☑ 电脑游戏 ☑ 跑步 ☑ 看书 ☑ 音乐
话照片： 浏览...
留言：

请填写上面的各项内容

带星号的是必填项

谢谢您提交以上重要信息

填写完成后，选择下面的"提交"按钮提交表单

提交　重置

使用CSS样式可以精确地定制并美化文本。行为是Dreamweaver预置的JavaScript程序集，行为能实现用户与网页间的交互。模板的功能就是把网页的布局和内容分离，在布局设计好后保存为模板，这样相同结构布局的网页就可以使用同一个模板建立，极大地简化了工作流程。库是网页上能够被重复使用的"零件"。本章通过4个实例介绍了CSS样式、行为、模板以及库的使用以及相关方法的应用。

3.1 使用CSS样式

用于HTML对页面元素的控制能力有限，因此使用功能强大的CSS样式表（Cascading Style Sheet，层叠样式表）成为定义网页格式的重要工具。本实例通过使用CSS样式介绍并应用，实现了网页内容和格式定义的分离，通过修改CSS样式表文件就可以修改整个站点文件的风格，大大减小了更新站点的工作量。

3.1.1 本文档内自定义样式

本文档内自定义样式，顾名思义该CSS样式只能应用到本网页，其他页面不起作用，样式名称自己定义。

详细制作步骤：

(1) 利用Dreamweaver CS4打开Form.html（ 参见光盘 \素材\第三章\CSS），如图3-1所示。

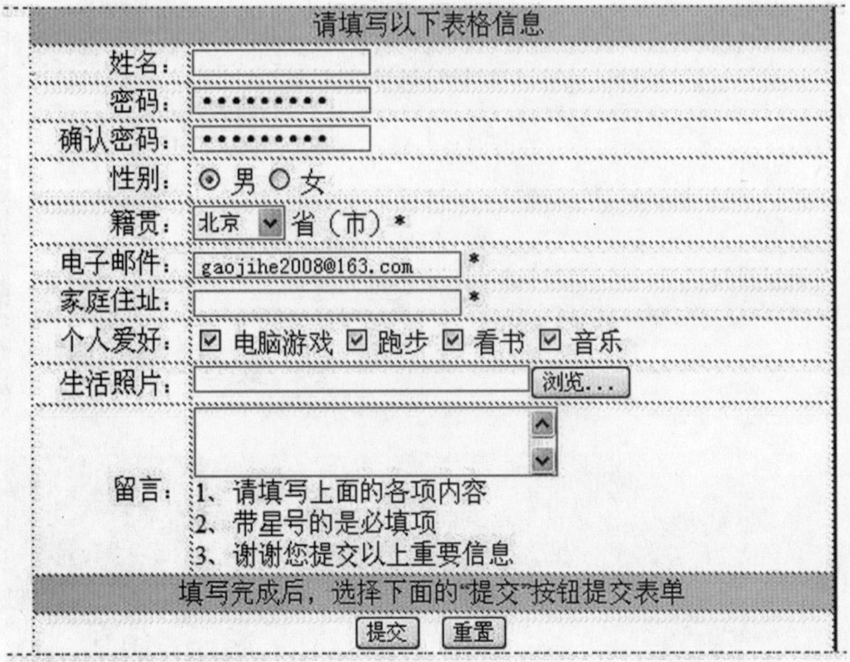

图3-1 打开Form. html网页

(2) 选择菜单命令【窗口】→【CSS样式】，此时打开在文档窗口右侧的【CSS样式面板】，如图3-2所示，单击下方的"新建CSS样式"按钮 ，将会打开"新建CSS样式"对话框，如图3-3所示。

图3-2 "CSS样式"面板

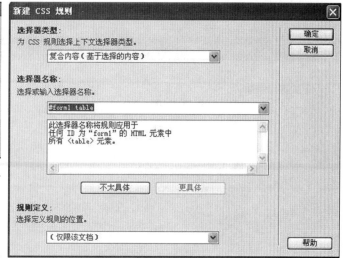

图3-3 "新建CSS样式"对话框

（3）在选择器类型中选择"类（可应用于任何HTML元素）"，选择器名称中输入".text"，选择定义规则的位置为"仅限该文档"，如图3-4所示。

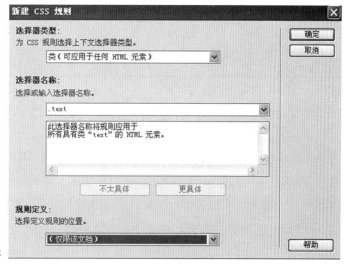

图3-4 输入".text"选择器名称

提示

类型为类的选择器名称前必须以英文句点"."开头，如".right"等。

(4) 单击"确定"按钮，进入.text的CSS样式定义对话框，如图3-5所示。

提示

类型：主要定义文本的大小、字体、颜色、样式、修饰等。

背景：主要设定背景的颜色、背景图片等。

区块：设定文本区域的整体效果，如图行间距、字符间距、文本缩进等。

方框：设定对象在网页上的位置，如间距、边界等。

边框：添加不同类型宽度的边框。

列表：创建不同类型的列表，包括创建图片、列表符号等。

定位与扩展，一般不常用，在这里不做介绍。

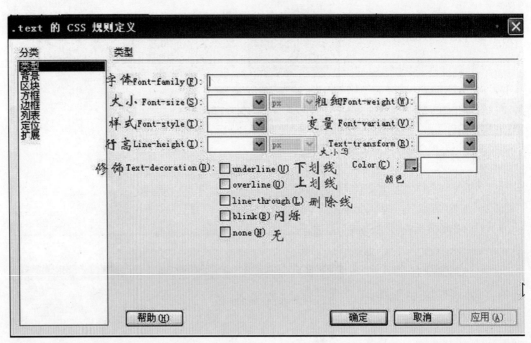

图3-5　".text的CSS样式定义"对话框

（5）在"分类"类表中选择"类型"，此时右侧显示的是和文本相关的页面，在"font-family"（字体）下拉列表中选择"宋体"，如果没有合适的字体可以选择"编辑字体列表"，设置字体的大小为9pt，将粗细、样式、变量、行高全部设为"normal"（正常），将大小写设为"uppercase"（首字母大写），如图3-6所示，单击"确定"按钮，此时在【CSS样式面板】中出现刚创建好的".text"，如图3-7所示。

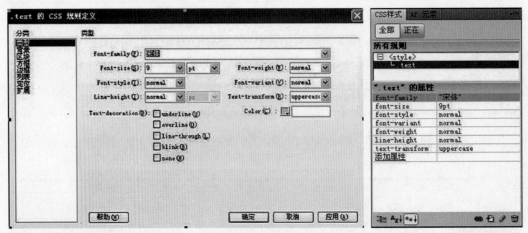

图3-6　设定文本内容的值　　　　　　　　　　　　　　图3-7　CSS样式面板的效果

（6）在"编辑窗口"中，选中整个Form.html的表格，在【属性面板】中的"类"选择"text"，如图3-8所示，此时页面效果如图3-9所示。

（7）重复步骤2、3，新建样式".tablebg"，如图3-10所示，单击"确定"按钮进入".tablebg的CSS样式定义窗口"，设定类型中相应的值如图3-11所示。

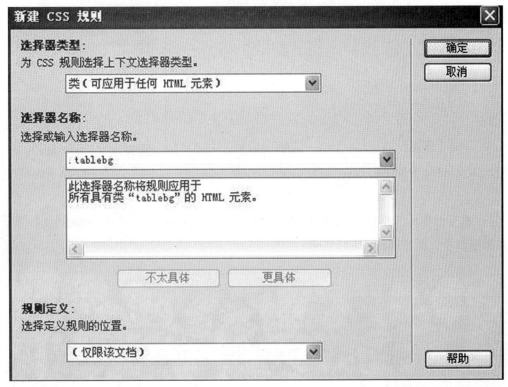

属性

| 表格 | 行(R) 13 | 宽(W) 500 | 像素 | 填充(P) 2 | 对齐(A) 居中对齐 | 类(C) text |
| | 列(C) 2 | | | 间距(S) 0 | 边框(B) 0 | |

图3-8　选定text样式

请填写以下表格信息

姓名：

密码：●●●●●●●●●

确认密码：●●●●●●●●●

性别：◉ 男 ○ 女

籍贯：北京 省（市）*

电子邮件：gaojihe2008@163.com *

家庭住址： *

个人爱好：☑ 电脑游戏 ☑ 跑步 ☑ 看书 ☑ 音乐

生活照片： 浏览…

留言：
1、请填写上面的各项内容
2、带星号的是必填项
3、谢谢您提交以上重要信息

填写完成后，选择下面的"提交"按钮提交表单

提交　重置

图3-9　套用text样式后的页面效果

新建 CSS 规则

选择器类型：
为 CSS 规则选择上下文选择器类型。

类（可应用于任何 HTML 元素）

选择器名称：
选择或输入选择器名称。

.tablebg

此选择器名称将规则应用于
所有具有类"tablebg"的 HTML 元素。

不太具体　　　　更具体

规则定义：
选择定义规则的位置。

（仅限该文档）

确定
取消
帮助

图3-10　新建tablebg样式

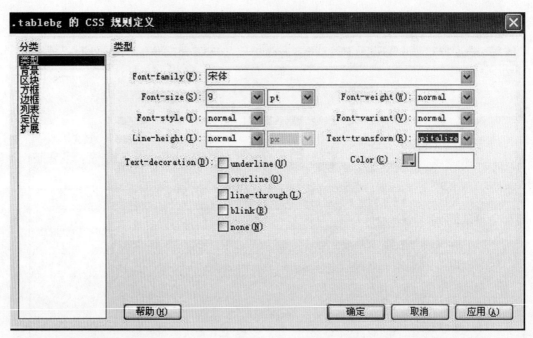

图3-11 设定tablebg类型的值

(8) 继续在"列表"中选择背景，设置背景颜色值如图3-12所示，单击"确定"按钮，此时【CSS样式面板】会出现已创建的".tablebg"，如图3-13所示。

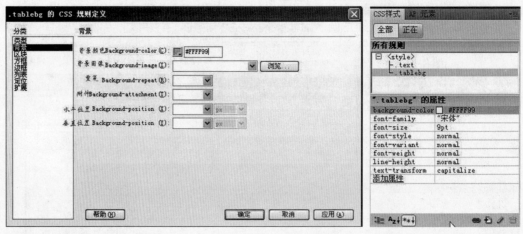

图3-12 设定tablebg类型的值　　　　　　　　　　　　　　　　　图3-13 CSS样式面板效果

(9) 重复步骤6，在【属性面板】中的"类"选择".tablebg"样式，如图3-14，此时编辑窗口中页面效果如图3-15所示。

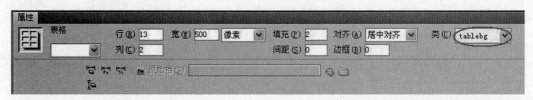

图3-14 选择tablebg样式

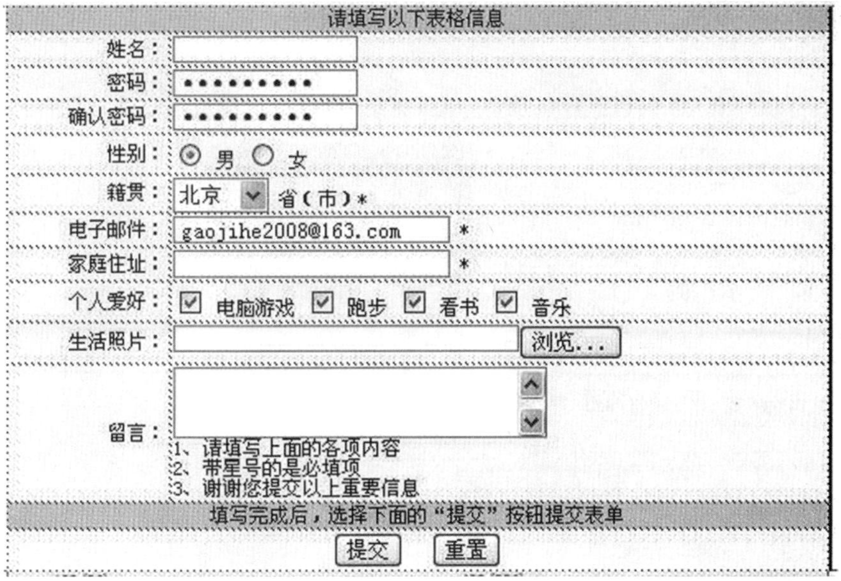

请填写以下表格信息	
姓名：	
密码：	●●●●●●●●
确认密码：	●●●●●●●●
性别：	◉ 男 ○ 女
籍贯：	北京 ∨ 省（市）*
电子邮件：	gaojihe2008@163.com *
家庭住址：	*
个人爱好：	☑ 电脑游戏 ☑ 跑步 ☑ 看书 ☑ 音乐
生活照片：	浏览...
留言：	1、请填写上面的各项内容 2、带星号的是必填项 3、谢谢您提交以上重要信息
填写完成后，选择下面的"提交"按钮提交表单	
提交 重置	

图3-15 套用tablebg后页面效果

（10）在【CSS样式面板】上选中样式名称
".tablebg"，单击"编辑样式"按钮 ✐，如图3-16所
示，此时再次打开".tablebg的CSS样式定义"对话
框，切换至背景面板，设置"背景图像"选择baby.gif
（ 🔘 参见光盘 \素材\第三章\CSS），"重复"设置为不
重复（no-repeat），水平位置为320像素，垂直位置为
30像素，如图3-17所示。

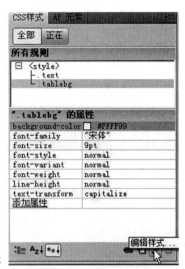

图3-16 选择编辑样式按钮

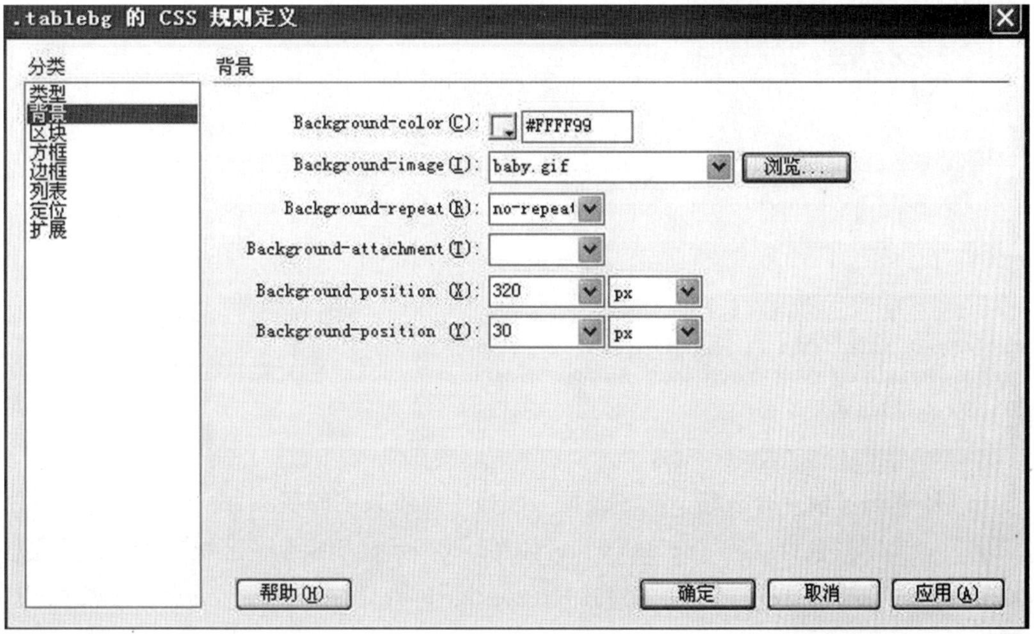

.tablebg 的 CSS 规则定义

分类

背景

类型
背景
区块
方框
边框
列表
定位
扩展

Background-color (C): #FFFF99

Background-image (I): baby.gif ∨ 浏览...

Background-repeat (R): no-repeat ∨

Background-attachment (T): ∨

Background-position (X): 320 ∨ px ∨

Background-position (Y): 30 ∨ px ∨

帮助 (H)   确定   取消   应用 (A)

图3-17 选择背景图像

(11) 单击"确定"按钮后，编辑窗口中页面效果如图3-18所示。

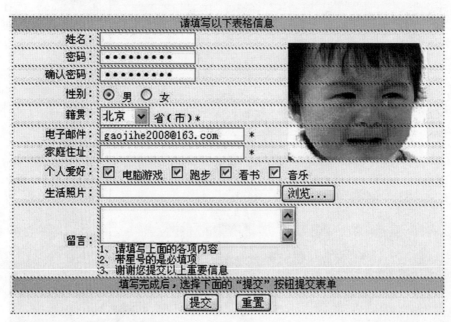

图3-18 页面效果

(12) 重复步骤2，3，新建一个名为".left"的自定义样式，如图3-19所示。

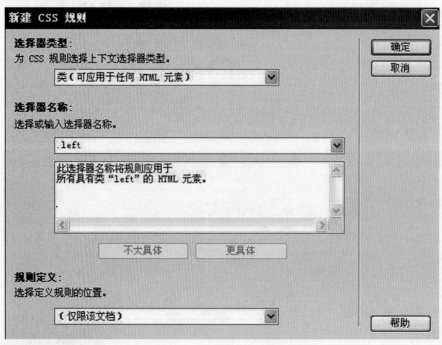

图3-19 新建.left样式

(13) 单击"确定"按钮，在"类型"面板中设置文字的字体为"宋体"，字号为"9pt"，文字颜色为红色（#FF0000），如图3-20所示，切换至"区块"面板，设置垂直对齐为"顶部"（top），文本对齐（text-align）为"右对齐"（right），如图3-21所示。

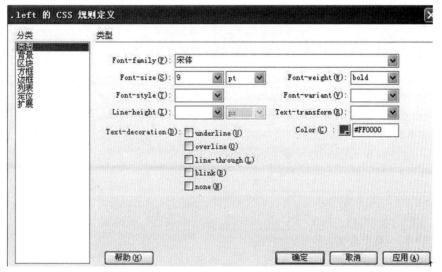

图3-20 "类型"面板

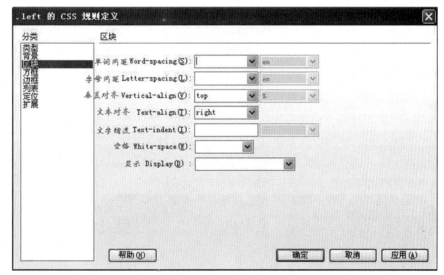

图3-21 "区块"定义框

单词间距：设定英文单词的间距，可以使用默认的设置"正常"，也可以设置为具体的数值。

字母间距：设定英文字母的间距，用法和单词间距相同。

垂直对齐：设置对象的垂直对齐方式。

文字对齐：文本的对齐方式，左对齐，右对齐，居中对齐等。

文字缩进：设置块区定义中最常用的一项，首行缩进以及其他效果可以用它来实现。

空格：控制源代码中空格的显示。

(14) 单击"确定"按钮后，在编辑窗口中选择表格的左侧，如图3-22所示，并将【属性面板】中的类选为"left"，此时页面效果如图3-23所示。

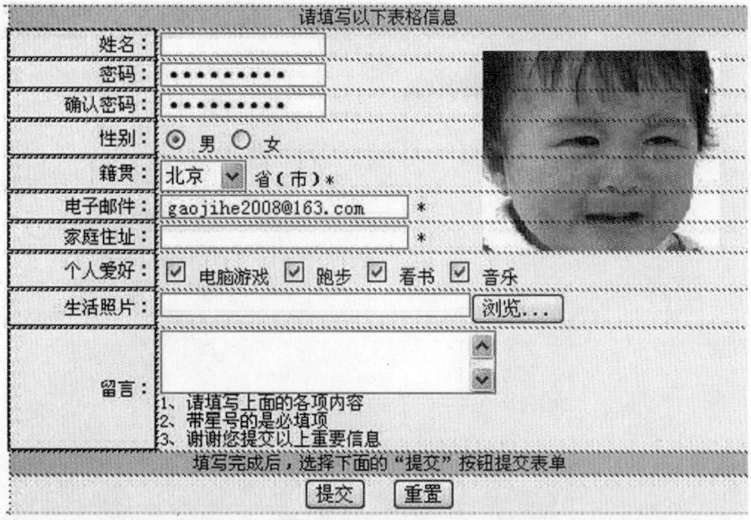

图3-22　选中表格左侧单元格

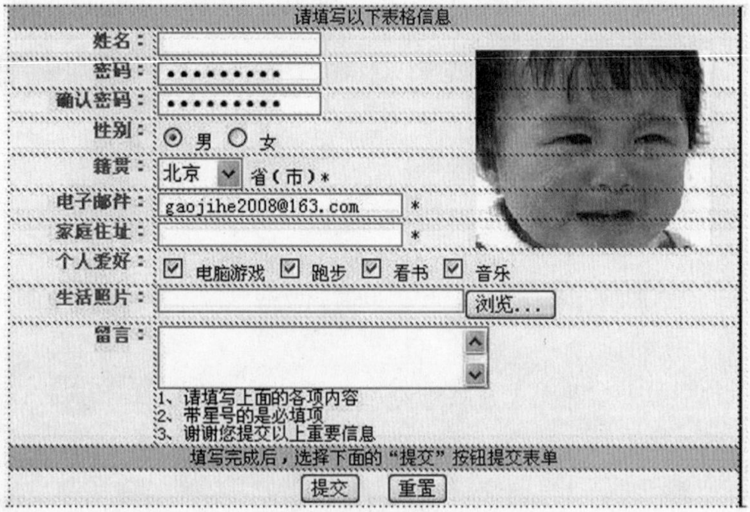

图3-23　套用left样式后表格效果

（15）重复步骤2，3，新建一个名为".border"的自定义样式，如图3-24所示，单击"确定"按钮在".border的CSS样式定义"对话框中切换到"边框"面板，如图3-25所示。

图3-24　新建border样式

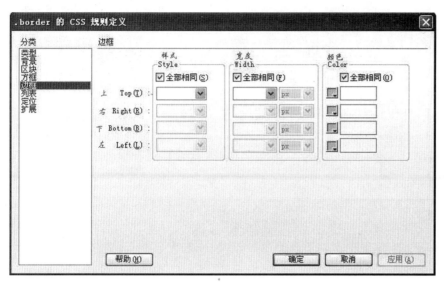

图3-25 "边框"面板

设定对象的样式，包括点划线、虚线、实线、双线等。

宽度：可以选择相对值，也可以设置为具体的数值 。

颜色：设置边框的颜色。

(16) 从"样式"中选择solid（实线），设定边框宽度为1像素，颜色为黑色，如图3-26所示。

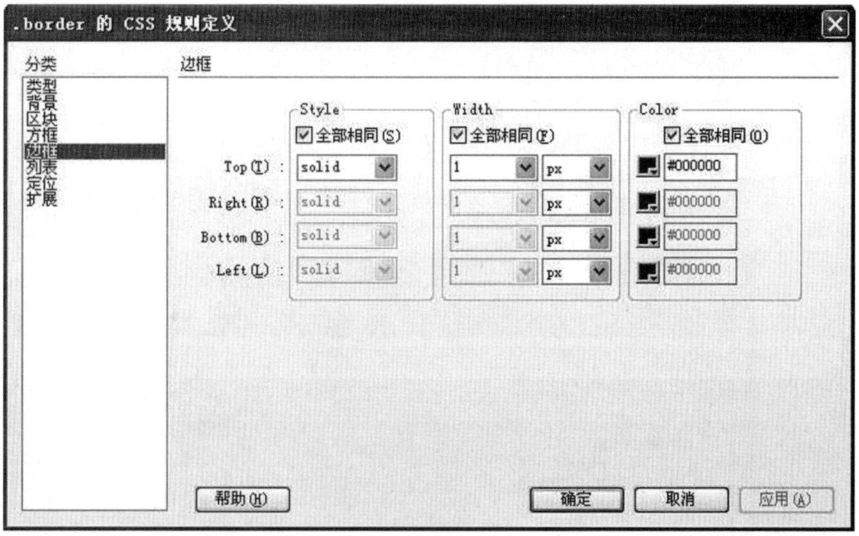

图3-26 设置样式

(17) 单击"确定"按钮完成设置，然后分别选中单行文本框、密码框、文本区域以及按钮，接着在【属性面板】上的"类"下拉列表框中选择border，如图3-27所示，页面效果如图3-28所示。

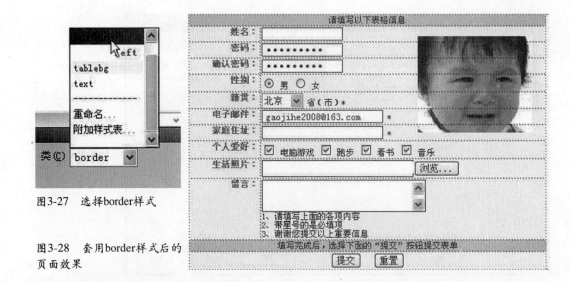

图3-27 选择border样式

图3-28 套用border样式后的
页面效果

　　(18) 继续重复步骤2、3，新建一个名为".list"的自定义样式，如图3-29所示。在
".list的CSS样式定义"对话框中切换到"列表"面板，如图3-30所示。

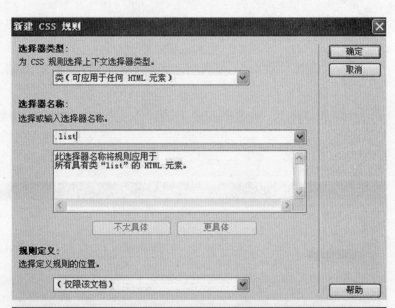

图3-29 新建list样式

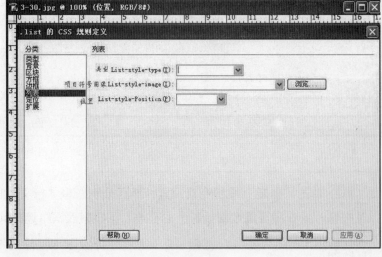

图3-30 "列表"面板

类型：设定列表的符号类型。可以选择圆点、圆圈、方块、数字、小写罗马数字、大写罗马数字、小写字母和大写字母。

项目符号图像：选择图像作为项目符号，单击右侧的"浏览"按钮，找到需要的图片。

位置：决定列表项目缩进的程度。

(19) 设置项目符号图像为"list.gif"（ 参见光盘 \素材\第三章\CSS），如图3-31所示。

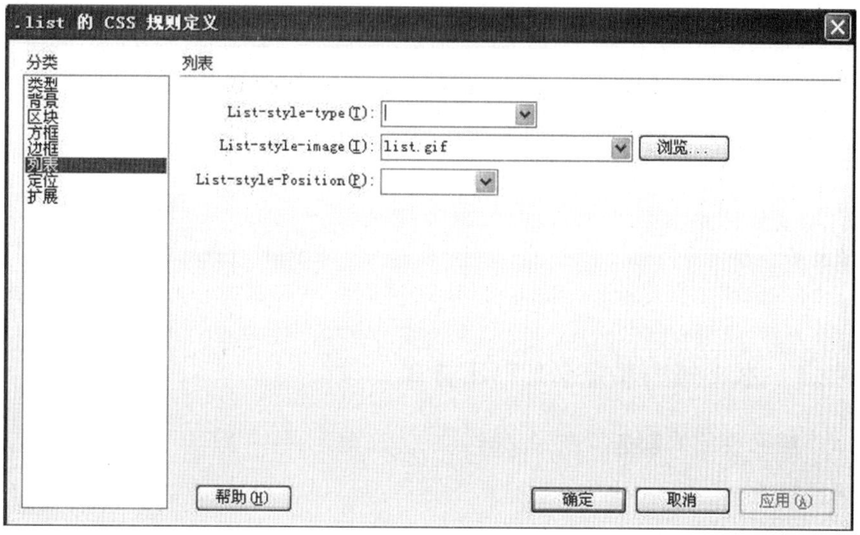

.list 的 CSS 规则定义

分类

类型
背景
区块
方框
边框
列表
定位
扩展

列表

List-style-type(T): |

List-style-image(I): list.gif   浏览...

List-style-Position(P):

帮助(H)   确定   取消   应用(A)

图3-31　设置项目符号图像

(20) 在编辑窗口中选择项目列表内容，如图3-32所示【属性面板】上的"类"下拉列表选择"list"，页面效果如图3-33所示。

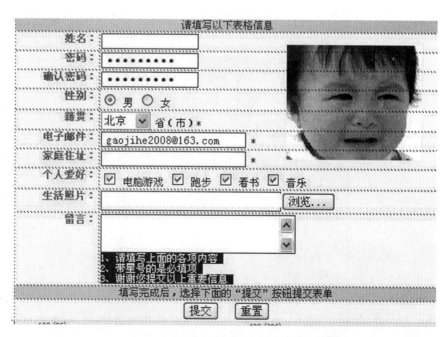

请填写以下表格信息

姓名：

密码：••••••••

确认密码：••••••••

性别：⊙ 男 ○ 女

籍贯：北京 ∨ 省（市）*

电子邮件：gaojihe2008@163.com *

家庭住址：*

个人爱好：☑ 电脑游戏 ☑ 跑步 ☑ 看书 ☑ 音乐

生活照片：浏览...

留言：

1、请填写上面的各项内容
2、带星号的是必填项
3、谢谢您提交以上重要信息

填写完成后，选择下面的"提交"按钮提交表单

提交　重置

图3-32　选择项目列表内容

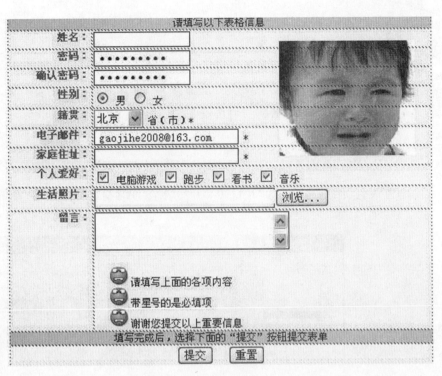

图3-33 套用list样式后的页面效果

3.1.2 本文档内重定义HTML样式

前面使用的都是"自定义样式"，二重定义HTML样式指的是，重新定义HTML的内部标签。

详细制作步骤：

(1) 在【CSS样式面板】中单击新建样式按钮，新建一个选择器类型为"标签（重新定义HTML元素）"，选择器名称为"h3"，规则定义为"仅限该文档"，如图3-34所示。

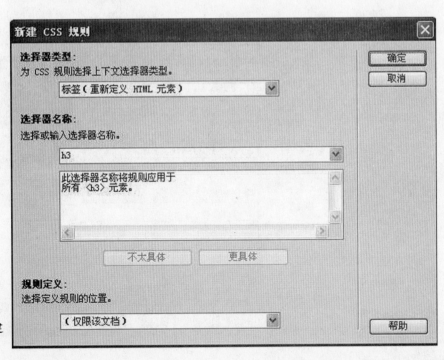

图3-34 新建"标签"样式

(2) 单击"确定"按钮，进入"h3的CSS规则定义"，如图3-35所示，设置字体为"宋体"，大小为"16px"，粗细为"加粗"，颜色为"蓝色"，如图3-36所示。

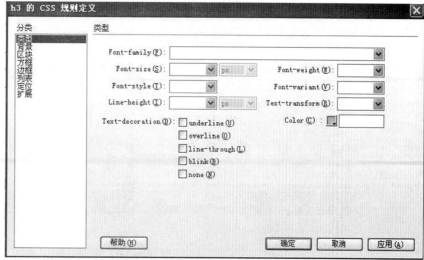

图3-35　h3的CSS规则定义对话框

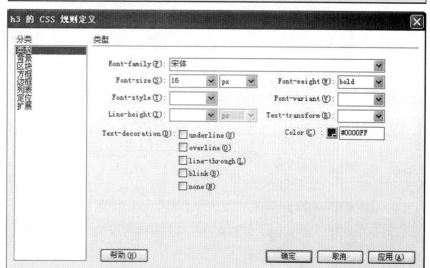

图3-36　重新定义h3文字设置

(3) 在编辑窗口中选择"请填写以下表格信息"，如图3-37所示。

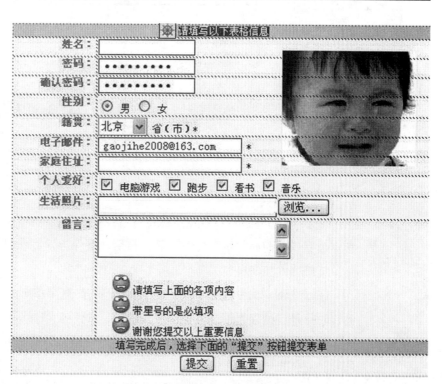

图3-37　选择文本

(4) 在【属性面板】中的"格式下拉"列表中选择"标题3"，如图3-38所示，此时页面效果如图3-39所示。

图3-38　选择标题3

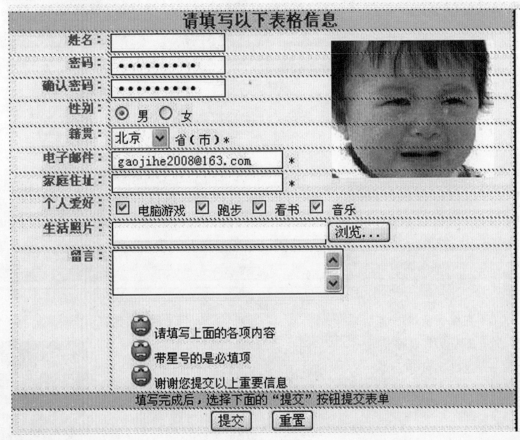

图3-39　页面效果

3.1.3　保存及浏览网页

当完成了前面的所有任务以后，最后就是保存网页，以及浏览网页。

详细操作步骤：

(1) 选择菜单命令【文件】→【另存为】或按【Ctrl+Shift+S】组合键，此时Dreamweaver会自动打开"另存为"对话框，在其中指定文件名为Form.html，如图3-40所示。

(2) 按【F12】键，系统自动会打开浏览器，并在其中显示网页效果，如图3-41所示。

图3-40 "另存为"对话框

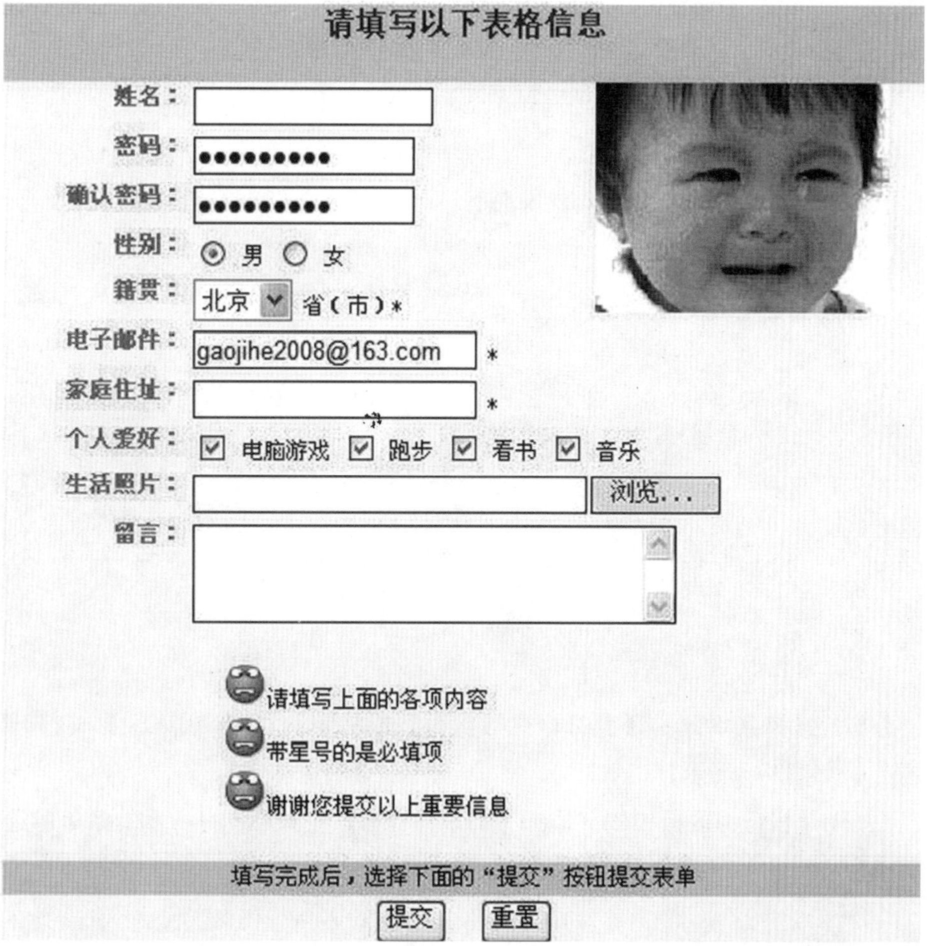

图3-41 网页效果

3.2 互 动 行 为

行为是Dreamweaver预置的JavaScript程序集。行为能实现用户与网页间的交互。行为由事件和对应的动作组成，通过对本实例的学习，使读者掌握为网页元素添加一些典型的内置行为的操作，如播放声音、弹出消息框、设置状态栏文字、跳转网页等。

3.2.1 播放声音

在浏览网页时可以播放音乐，这使用了在网页中添加了背景音乐，在下载该网页时或者鼠标滑过某个链接时，音乐开始播放。网页背景音乐一般可选择wave、mp3等格式，然后在网页中添加播放音乐的行为。

详细制作步骤：

(1) 在Dreamweaver CS4环境下， 打开网页01.html （ 参见光盘 \素材\第三章\Behavior） ，如图3-42所示。

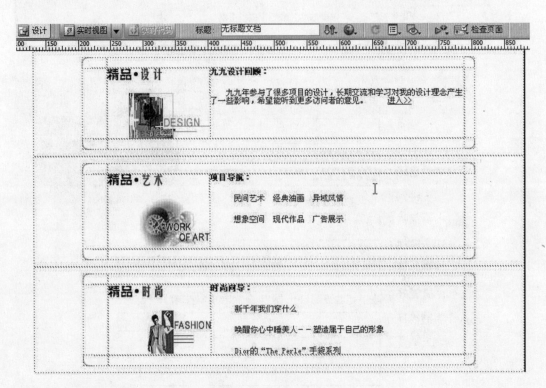

图3-42　打开01.html网页

(2) 选择菜单命令【窗口】→【行为】或按组合键【shift+F4】，打开【行为面板】，如图3-43所示。

(3) 单击行为面板中的"添加行为"按钮+，在如图3-44所示的菜单中选择"播放声音"命令，打开播放声音对话框如图3-45所示。

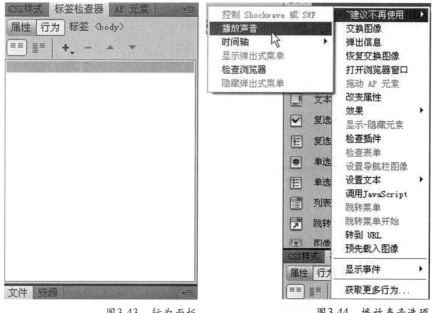

图3-43 行为面板

图3-44 播放声音选项

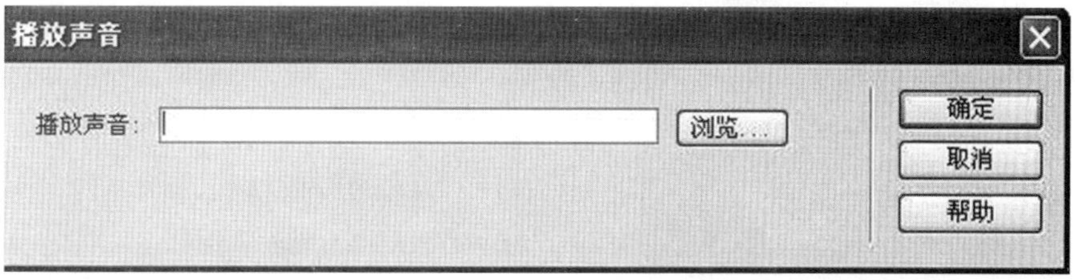

图3-45 播放声音对话框

（4）单击"浏览"按钮，选择"music1.mp3"文件，单击播放声音对话框中的"确定"按钮，完成添加声音，此时【行为面板】中能看到添加的行为，如图3-46所示。

图3-46 行为面板效果

在制作单个网页时，如果需要播放声音，为防止播放声音文件时出错，你可将声音文件与网页保存在同一个文件夹下。或者建立一个站点，这样不管声音文件保存在什么位置，只要位置的路径正确，播放时就不会出错。

（5）此时网页编辑窗口中出现媒体插件标识，如图3-47所示，选中该标识，单击【属性面板】上的"参数"按钮，打开如图3-48所示的参数对话框。分别将LOOP、AUTOSTART两栏的值，均输入"true"。单击"确定"按钮，完成参数设置。

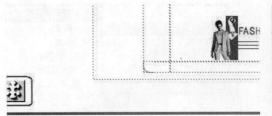

图3-47　媒体插件标识　　　　　　　　　图3-48　参数对话框

　　(6) 在网页编辑窗口中选择"designtu.jpg"，如图3-49所示，并在【属性面板】中设置空链接为"#"，如图3-50所示。

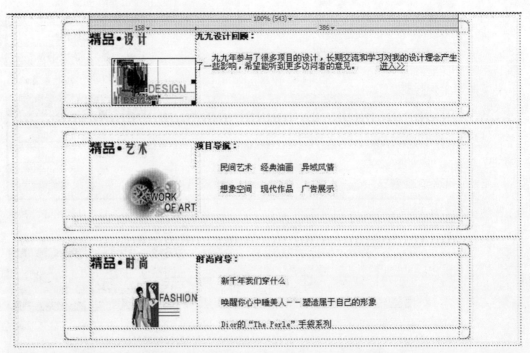

图3-49　选中"designtu.jpg"图片

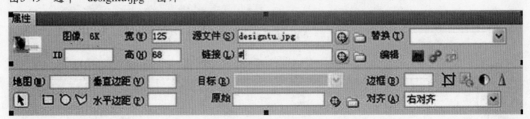

图3-50　设置空链接

　　(7) 在选中图片的状态下，单击"添加行为"按钮 +，重复步骤 3～5 所示，设置要播放的声音文件。

　　(8) 此时【行为面板】中能看到添加的动作，由于要创建的鼠标点击图片时播放声音文件，因此要修改事件。单击修改事件按钮，从下拉菜单中选择"onMouseUp"，如图3-51所示。

图3-51 修改事件

(9) 执行【文件】→【保存】或按组合键【Ctrl+S】组合键命令，按下【F12】键，在浏览器中预览并测试网页。

播放声音文件一般需要浏览器附加某种音频插件，因此不同插件的不同浏览器所播放声音的效果通常会有所不同，由于声音文件一般比较大，在网页中不要滥加声音。

3.2.2 弹出消息框

当用户单击一个按钮，或是执行了某个动作之后，立刻弹出一个消息框，可在网页中显示一个消息框。

详细制作步骤：

(1) 在Dreamweaver CS4环境下， 打开网页03.html(参见光盘 \素材\第三章\Behavior)。

(2) 在网页编辑窗口中选择图片 "arttu.jpg"，如图3-52所示，并在【属性面板】中的链接设置为空链接，如图3-53所示。

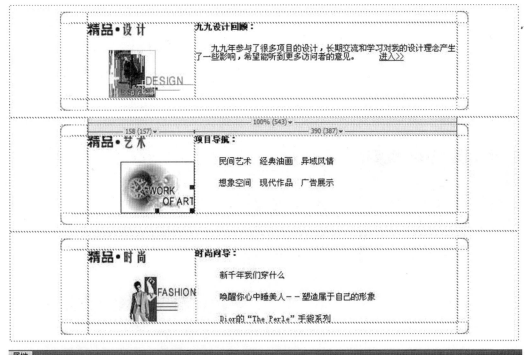

图3-52 选择图片"arttu.jpg"

图3-53 设置空链接

(3) 在选中图片的状态下，单击【行为面板】中的"添加行为"按钮 ＋，从菜单中选择"弹出信息"命令，如图3-54所示。

(4) 在弹出消息对话框中，如图3-55所示，在消息选项旁输入"大家好！欢迎光临本网站！感谢您对我们网站一直以来的支持！请继续关注本网站！！"，如图3-56所示。

图3-54 选择弹出信息

图3-55 弹出信息对话框

图3-56 输入文本

(5) 单击"确定"按钮完成对话框的设置，此时【行为面板】的效果如图3-57所示。

(6) 执行【文件】→【保存】或按组合键【Ctrl+S】组合键命令，按下【F12】键，在浏览器中预览并测试网页，单击图片"arttu.jpg"，如图3-58所示，弹出信息对话框，如图3-59所示。

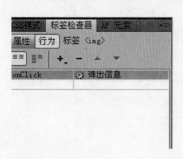

图3-57 行为面板

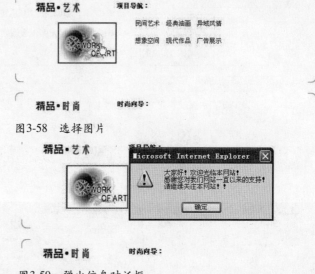

图3-58 选择图片

图3-59 弹出信息对话框

3.2.3 设置状态栏文字

在浏览网页时经常会发现在状态栏上会出现提示信息，在【行为面板】中的"设置文本\设置状态栏作文本"命令即可实现。

详细制作步骤：

（1）在Dreamweaver CS4环境下，打开网页02.html（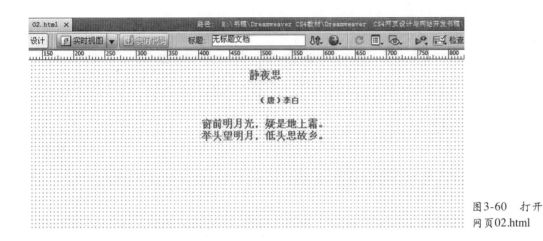参见光盘\素材\第三章\Behavior），如图3-60所示。

图3-60 打开
网页02.html

（2）将光标放置在网页编辑窗口中，然后选择菜单命令【窗口】→【行为】或按组合键【shift+F4】，打开【行为面板】，如图3-61所示。

（3）在【行为面板】中单击"添加行为"按钮 +.，在展开的菜单中选择【设置文本】→【设置状态栏文本】（图3-62），打开"设置状态栏文本"，如图3-63所示。

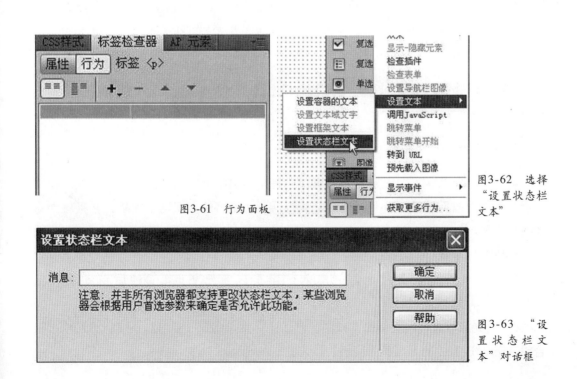

图3-61 行为面板

图3-62 选择
"设置状态栏
文本"

图3-63 "设
置状态栏文
本"对话框

(4) 在"设置状态栏文本"对话框中输入"唐诗《静夜思》——李白",如图3-64所示。

(5) 单击"确定"按钮关闭对话框,此时在【行为面板】上出现一个新的行为,如图3-65所示。

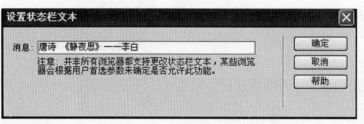

图3-64　输入文本

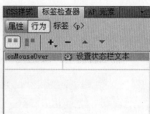

图3-65　行为面板

(6) 单击修改事件按钮,从下拉菜单中选择"onLoad",如图3-66所示。

(7) 执行【文件】→【保存】或按组合键【Ctrl+S】组合键命令,按下【F12】键,在浏览器中预览并测试网页,如图3-67所示。

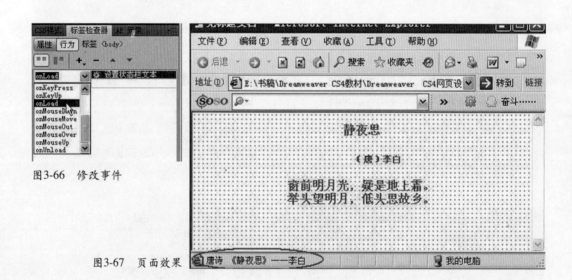

图3-66　修改事件

图3-67　页面效果

3.2.4　跳转网页

跳转网页行为,可以设定在当前窗口或是指定的框架窗口中打开某一网页,如果读者的网站更改网址了,就可以用这个跳转网页功能将输入旧网址的用户直接转到新的网址。

详细制作步骤:

（1）新建一个空白网页,并输入"网页内容已更改,2秒后自动跳转至01.html。",如图3-68所示。

（2）将光标放置在网页编辑窗口中,然后选择菜单命令【窗口】→【行为】或按组合键【shift+F4】,打开【行为面板】,如图3-69所示。

图3-68　新建网页　　　　　　　　　　　　图3-69　行为面板

（3）在【行为面板】中单击"添加行为"按钮 ➕，在展开的菜单中选择"转到URL"选项如图3-70所示，打开转到URL对话框，如图3-71所示。

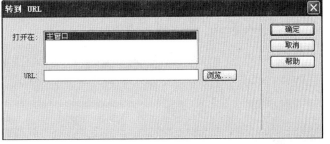

图3-70　选择"转到URL"　　　　　　　　　　图3-71　转到URL对话框

（4）在URL：标签后的"浏览"选择"01.html"（ 参见光盘 \素材\第三章\Behavior），如图3-72所示，单击"确定"完成设置，此时【行为面板】如图3-73所示。

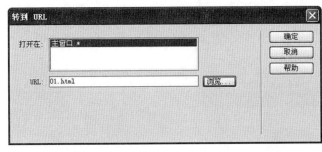
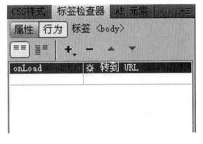

图3-72　设置跳转网页　　　　　　　　　图3-73　行为面板

（5）执行【文件】→【保存】或按组合键【Ctrl+S】组合键命令，以"01.html"文件名保存网页，并按下【F12】键，在浏览器中预览并测试网页，如图3-74所示。

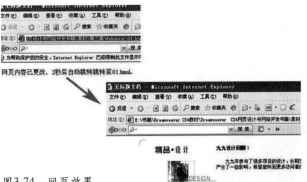

图3-74　网页效果

3.3 模　　板

通常一个网站中会有几十甚至几百个风格基本相似的页面，如果每次都重新设定网页结构、相同栏目下的导航条以及各类图标，工作会非常繁琐。使用Dreamweaver的模板功能可以简化这一操作。模板的功能就是把网页的布局和内容分离，在布局设计好后保存为模板，这样相同结构布局的网页就可以使用同一个模板建立，极大地简化了工作流程。

3.3.1　将网页存储为模板

将已创建好的网页存储为模板，当然也可以从开始创建模板，创建模板与创建普通网页类似，这里只介绍将网页存储为模板。

详细制作步骤：

(1)打开网页"index.html"（参见光盘\素材\第三章\Template），如图3-75所示。

图3-75　打开网页

（2）执行【文件】→【另存为模板】命令，或单击【插入面板】中常用标签下的"创建模板"按钮，输入模板名称为"个人主页"，如图3-76所示。

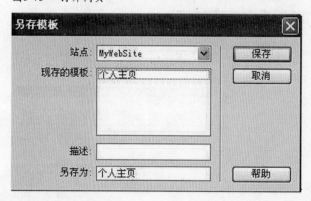

图3-76　另存模板对话框

(3) 单击"保存"按钮，打开如图3-77所示的更新链接提示框，单击"是"按钮，完成模板另存命令。

在网站中建立模板后，读者会发现站点面板中多了一个 Templates文件夹，所有的模板都自动放置在这个文件夹下。另外用户可以在资源面板下找到当前站点的面板。

(4) 在网页的编辑窗口中选中"1.jpg"所在的单元格，如图3-78所示。

图3-77 更新链接提示框

图3-78 选择单元格

(5) 执行菜单【插入】→【模板对象】→【可编辑区域】，弹出新建可编辑区域对话框如图3-79所示。

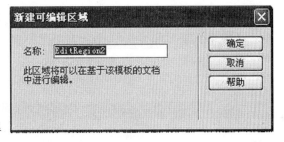

图3-79 新建可编辑区域对话框

可编辑区域：利用模板生成的新文档中可以被编辑的区域。

(6) 设置名称为"Edit1"，单击"确定"按钮，完成插入操作，编辑窗口中如图3-80所示。

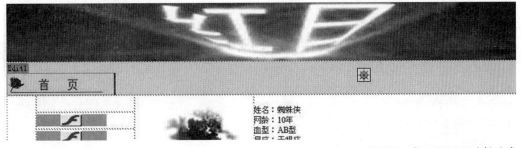

图3-80 插入Edit1可编辑区域

(7) 重复步骤4，5，6，插入Edit2，Edit3，Edit4几个可编辑区域，如图3-81所示。

(8) 执行【文件】→【保存】按钮，将其保存为"个人主页.dwt"。

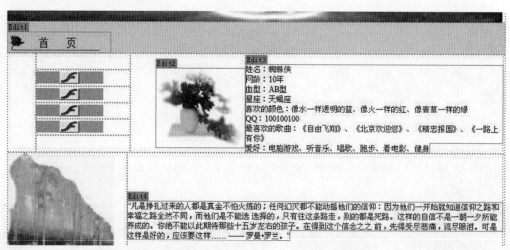

图3-81　插入可编辑区域

3.3.2　用模板新建网页

网页模板创建成功后，利用网页模板来制作网页。

详细制作步骤：

(1) 执行菜单命令【文件】→【新建】命令，打开新建对话框，如图3-82所示，单击"模板中的页"标签选择"个人主页"模板，单击"创建"按钮，创建如图3-83所示的页面效果。

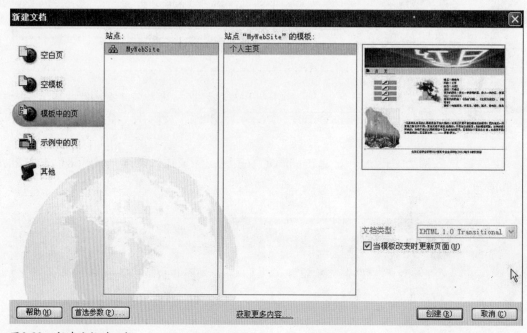

图3-82　新建文档对话框

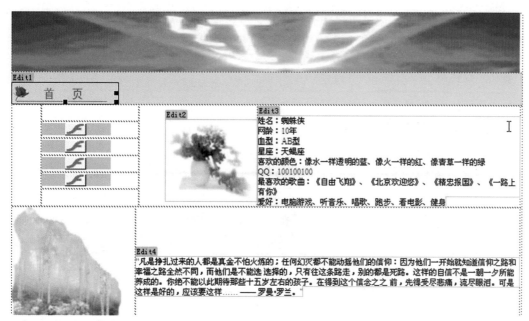

图3-83　新建的模板网页

图中可编辑区域标签是可编辑区域的名称，在浏览器窗口中不可见。

(2) 在可编辑区域Edit1中选择图片1.jpg，将其更换为6.jpg，网页编辑窗口中效果如图3-84所示。

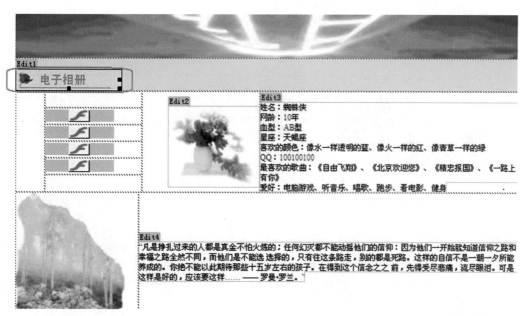

图3-84　编辑Edit1区域

(3) 类似于步骤2，编辑Edit2区域，更换图片3.gif，页面效果如图3-85所示。

(4) 类似于步骤3，分别编辑Edit3，Edit4，编辑完成后的页面效果如图3-86所示。

图3-85 编辑Edit2区域

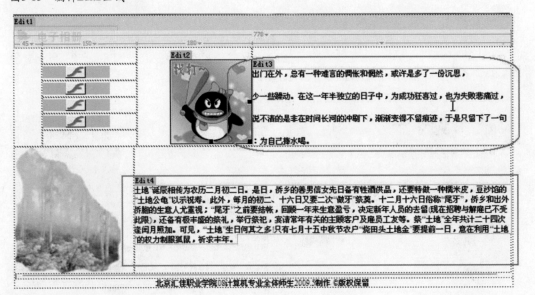

图3-86 编辑Edit3，Edit4区域

　　(5) 选择菜单命令【文件】→【另存为】或按【Ctrl+Shift+S】组合键，此时Dreamweaver会自动打开"另存为"对话框，在其中指定文件名为dzxc.html，如图3-87所示

　　(6) 按【F12】键，系统自动会打开浏览器，并在其中显示网页效果，如图3-88所示。

图3-87 另存为对话框

图3-88 最终页面效果

3.4 库

在制作网页过程中网页的某些部位可能在整个网站中多次使用，因此可以将这整个部位作为一个整体保存起来，如若再需要使用时，则可以像插入图片一样将其插入网页中，这样就可以大大的的节省时间。

被保存的整体在Dreamweaver中就是"库"，读者可以将网页中常用到的多个对象转换为库，然后作为一个对象插入到其他网页中。

3.4.1 创建库

要是使用库首先要创建库，下面介绍如何创建库。

详细制作步骤：

(1) 在Dreamweaver CS4环境下打开网页"baomingxz.htm"（ 参见光盘 \素材\第三章\Store），选中网页的顶部表格，如图3-89所示。

图3-89 选中顶部表格

(2) 选择菜单命令【窗口】→【资源】打开资源面板，在左侧的按钮中单击【库面板】按钮如图3-90，打开如图3-91所示的库面板。

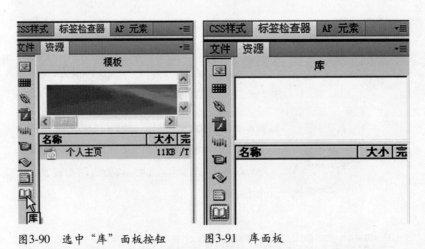

图3-90 选中"库"面板按钮　　图3-91 库面板

(3) 选择菜单命令【修改】→【库】→【增加对象到库】，新建的库对象就出现在【库面板】上，将其重新命名为"top"，如图3-92所示，此时网页中选定的表格成为一个不可编辑的整体，显示为淡黄色，如图3-93所示。

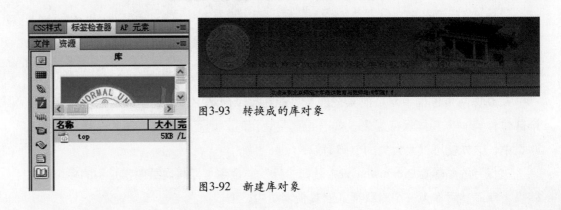

图3-93 转换成的库对象

图3-92 新建库对象

库的外观可能和网页中内容的外观不同，因为网页中使用了CSS样式。如果在将来插入该库的网页中这个样式，该部分内容的外观会变得和网页中的一致。

创建的库都作为单独的文件保存到站点目录的Library目录中，库文件的扩展名为*.lbi

（4）用同样的方法将左部的表格转换为库对象，选中左边的表格，如图3-94所示，然后将它转换成库对象，此时【库】面板出现"left"对象，如图3-95所示。

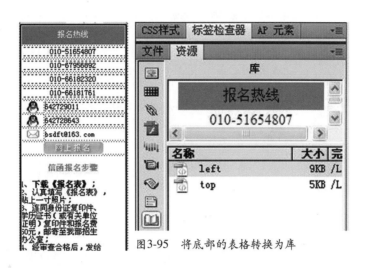

图3-94　选中左边的表格　　　图3-95　将底部的表格转换为库

（5）组后利用上面的方法，同样将选中底部的表格，如图3-96所示，并将其装换为库对象，此时【库面板】如图3-97所示。

图3-96　选中底部表格

图3-97　库面板

3.4.2 插入库

创建"库"对象之后，则可以在新文档中使用它们了，下面介绍如何插入库对象。详细制作步骤：

(1) 新建一个空白网页，按【Ctrl+Alt+T】组合键，插入一个1行3列的表格，如图3-98所示，并将其居中对齐。

(2) 选中表格的第1行，在库面板中选中top对象并单击"插入"按钮，如图3-99所示，此时网页编辑窗口如图3-100所示。

图3-98　插入表格

图3-99　插入按钮

图3-100　页面编辑窗口

(3) 利用类似的方法，选择第3行，插入【库面板】中的"bottom"对象，插入后，页面效果如图3-101所示。

图3-101　插入bottom对象

（4）选中第2行的单元格，按【Ctrl+Alt+T】组合键，插入一个1行3列的表格，并将插入后的第1个单元格拆分成两个两行，如图3-102所示。

（5）将光标定位至第一个单元格，插入图片"gg11.gif"（ 参见光盘 \素材\第三章\Store），第二个单元格插入"left"对象，页面效果如图3-103所示。

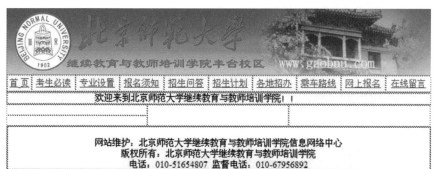

图3-102 插入并拆分单元格

图3-103 插入left对象

（6）编写剩下的页面内容，页面效果如图3-104所示，最后打开【CSS面板】，在面板中单击"附加样式表"按钮 ，此时打开"链接外部样式表"对话框，如图3-105所示。

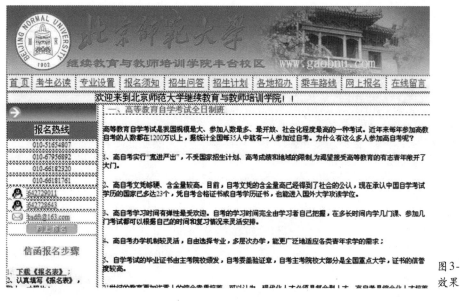

图3-104 页面效果

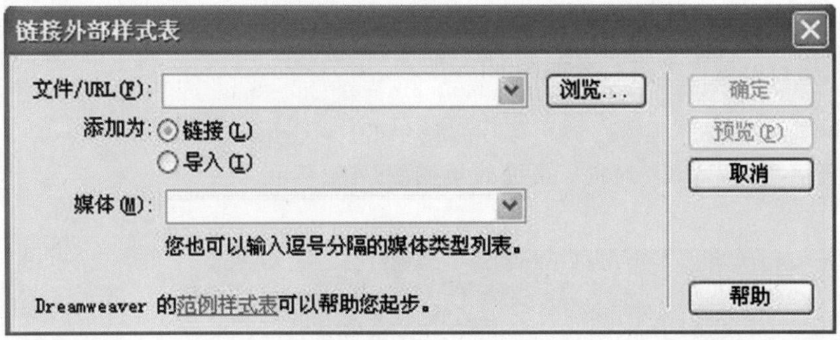

图3-105 链接外部样式表对话框

(7) 单击"浏览"按钮，选中"CSS.CSS"（ 参见光盘 \素材\第三章\Store），单击"确定"按钮，如图3-106所示。

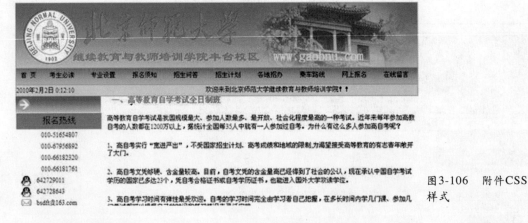

图3-106 附件CSS样式

3.4.3 编辑库

如若想要修改所有插入对象中的内容，则需要库就可以了。

详细制作步骤：

(1) 在【库】面板中选中top对象，然后双击，此时在网页编辑窗口中打开该对象，如图3-107所示。

(2) 设置该对象中的链接都为空链接，如图3-108所示。

(3) 用组合键【Ctrl+S】保存文件，即可完成编辑。

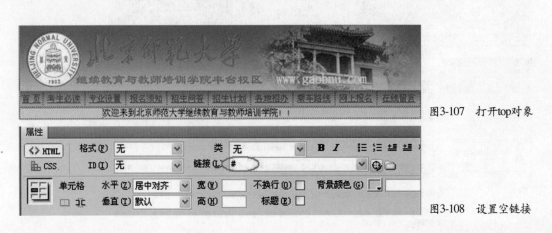

图3-107 打开top对象

图3-108 设置空链接

1) 网页模板的组成

网页模板包含两个部分：第一部分，网页模板的展示部分，由一组相关联的html文档及其图片文件组成，有动画成果的网页模板还会有swf文档，有时候也用网页捉图来展示网页模板的成果；第二部分，可用来进行网页设计制作的PSD分层图片源文件，有动画成果的还包含有fla源文件。通常一个网页模板是由这两个部分组成的，但也有个别网页模板只有其中一个部分。

2) 网页模板的用途

网页模板给网页设计制作提供了一个美观方面的参考，或者说模仿，有了网页模板，还需要用到网页制作软件，如Dreamweaver、Firework、Flash等，如果需要制作交互式动态网页，还需要掌握AS、PHP、JSP等编程知识，这样在网页模板的基础上进行再创作才能做好一个网站。

有些网页制作教程中介绍了大量的网页制作的相关概念，整本教材学习完之后也仅是知道了网页制作中的相关概念和一些基本知识点，难以制作出一个较为完整的网页，本章通过step by step方法带着读者去完成相关网页的设计和制作。

4.1　简单的个人首页

本网页实例将制作一个图文并茂的个人主页的首页，其最终效果如图4-1所示。通过本实例的制作，读者可以了解制作网页的步骤和方法，以及如何拆分表格等。

图4-1　个人主页最终效果

详细制作步骤如下：

(1) 打开Adobe Dreamweaver CS4软件，如图4-2所示出现该软件的界面提示信息，选择新建HTML文档，创建如图4-3所示的一个空白网页。

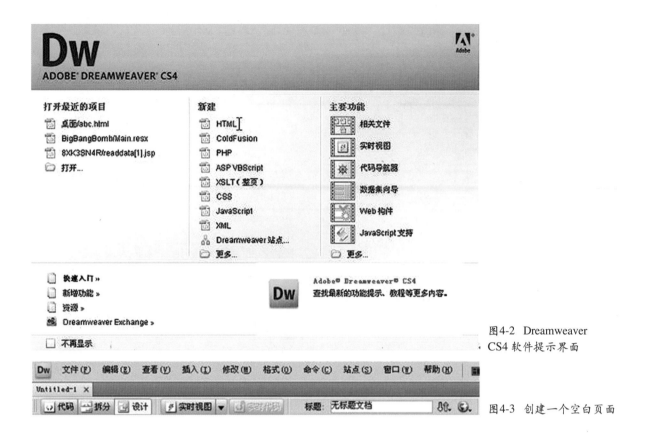

图4-2　Dreamweaver
CS4软件提示界面

图4-3　创建一个空白页面

在Dreamweaver CS4软件提示界面中勾选 ☑ **不再显示**，将会弹出"显示欢迎屏幕"提示界面，下次启动Dreamweaver CS4时，软件提示界面将不会出现。

空白网页中的"文档工具栏"中有三个按钮分别为代码、拆分、设计，在这里选择设计按钮。

（2）选择【插入】→【表格】或按【Ctrl+Alt+T】组合键创建一个5行1列宽度为778像素的表格，如图4-4所示，插入后在网页中的形状如图4-5所示。

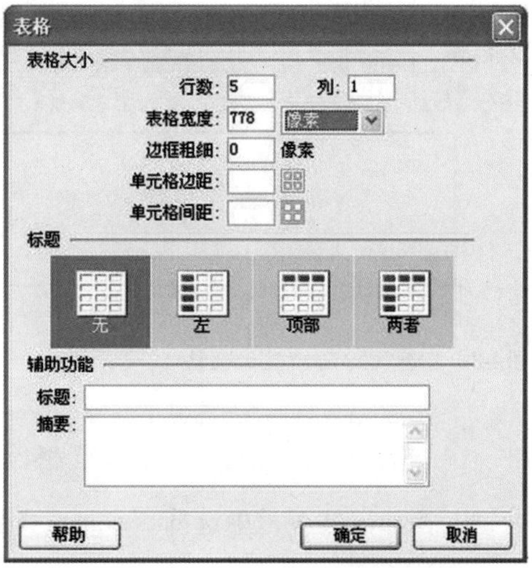

图4-4　创建表格

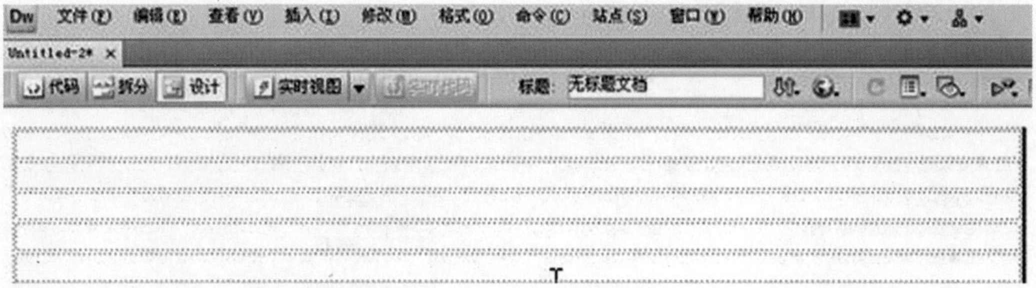

图4-5 插入表格

表格宽度后一定选择像素，不能选择百分比。像素为固定值，不会随着屏幕的大小而改变，使用百分比则是相对值，随着屏幕的大小、网页的内容跟随着变化。初学者建议使用像素。

(3) 选中整个表格，如图4-6所示，然后在属性面板中选择【对齐】选项，选择其中的"居中对齐"选项，如图4-7所示，对齐后网页中居中显示表格如图4-8所示。

图4-6 选定这个表格

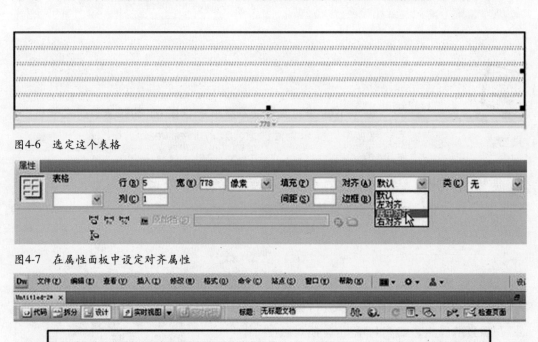

图4-7 在属性面板中设定对齐属性

图4-8 在网页中居中显示表格

(4) 选中表格中的第1行的单元格，选择【插入】→【图像】或按【Ctrl+Alt+I】组合键，在弹出的图框中选择"id.jpg"（图片 参见光盘 参见素材/第四章/4.1/id.jpg），效果如图4-9所示。

图4-9　插入id图片

选择这整个表格，设置属性面板中的【填充】、【间距】选项都为0，如图4-10所示，使表格之间无空隙。

此时插入的图片格式最好使用相对路径表示,即网页和图片在同一个文件夹内。

图4-10　设置表格属性

(5) 选择整个表格中的第二个单元格，选择【插入】→【图像】或按【Ctrl+Alt+I】组合键，在弹出的图框中选择"1.jpg"（图片 参见光盘 参见素材/第四章/4.1/1.jpg），效果如图4-11所示，接着在属性面板中设置该单元格的背景颜色为"#FECCFF"，如图4-12所示，设置后页面的效果如图4-13所示。

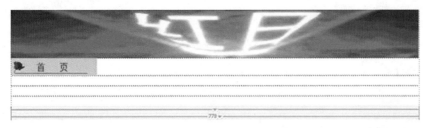

图4-11　插入1.jpg图片

图4-12　在属性面板中设置"背景色"值

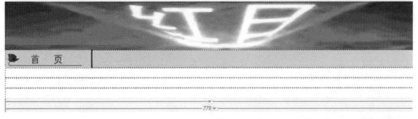

图4-13　设置第二单元格的背景色

(6) 选择表格中的第三个单元格，选择【插入】→【表格】或按【Ctrl+Alt+T】组合键创建一个1行4列宽度为778像素的表格，并且设置该表格的填充像素、间距都为0，如图4-14所示。

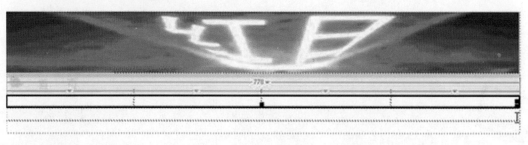

图4-14 在单元中插入表格

(7) 选择插入表格的第一个单元格，将其拆分成两列，在属性面板中设置第1列宽度为45像素，第二列宽度为120像素，如图4-15所示，页面效果如图4-16所示。

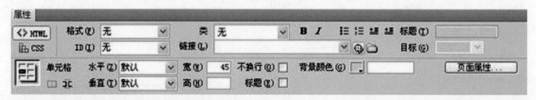

图4-15 设置单元格宽度

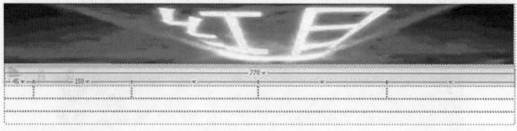

图4-16 页面效果

　　设置字体的大小、颜色，超级链接，图片的边框、大小，以及表格的大小，单元格大小等都在属性面板中设置，在以后的介绍中不再做详细介绍。

　　拆分单元格、合并单元格是【属性面板】中的 □ ⛶ 选项。

(8) 选择宽度为150像素的单元格，将其拆分成6行，并将每个单元格的高度设置为25像素，如图4-17所示。

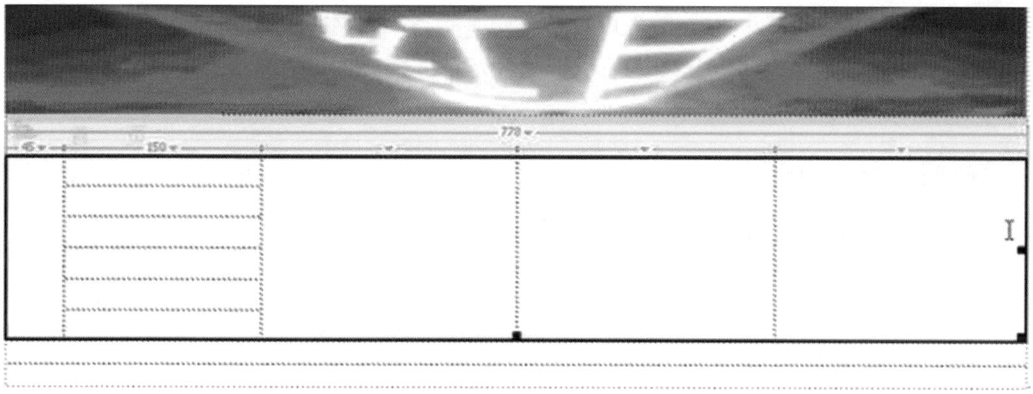

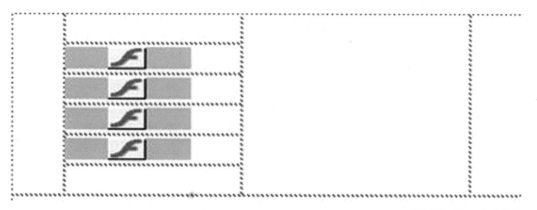

图4-17 拆分单元格

(9) 分别选中第2～第5个小单元格，选择【插入】→【媒体】→【SWF文件】或【Ctrl+Alt+F】，分别选择button1.swf，button2.swf，button3.swf，button4.swf动画文件，(图片 参见光盘 参见素材/第四章/4.1/button1.swf，button2.swf，button3.swf，button4.swf)。此时系统提示保存该页面文件，将文件保存为index.htm，如图4-18所示。

图4-18 插入动画文件

(10) 设置插入动画文件单元格旁边的单元格宽度为180，【水平Z】对齐方式选择"右对齐"，并在该单元格插入4.jpg(图片 参见光盘 参见素材/第四章/4.1/4.jpg)，在页面中效果如图4-19所示。

图4-19 插入图片4.jpg

(11) 将4.jpg单元格后两个单元格合并，并在【属性面板】中设置【垂直H】，选择"底部"对齐选项，页面效果如图4-20所示，并输入相关内容，如图4-21所示。

图4-20 合并单元格

图4-21 输入文字

在网页中，中文默认字体为"宋体"，大小为12像素，英文字体默认字体为"Arail"，"Times New Rom"等，字体大小为11像素。

图4-22 插入图片2.jpg

(12) 在整个表格的第4行的单元格中，插入一个1行2列，宽度为778像素的表格，并在新建的表格的第1个单元格设置它的宽度为190，插入图片2.jpg(图片 参见光盘 参见素材/第四章/4.1/4.jpg)如图4-22所示。接着，在旁边的单元格输入文本，最终效果如图4-23所示。

"凡是挣扎过来的人都是真金不怕火炼的；任何幻灭都不能动摇他们的信仰；因为他们一开始就知道信仰之路和幸福之路全然不同，而他们是不能选择的，只能往这条路走，别的都是死路。这样的自信不是一朝一夕所能养成的。你绝不能以此期待那些十五岁左右的孩子在得到这个信念之前，先得受尽悲痛，流尽眼泪。可是，这样是好的，应该要这样……——罗曼·罗兰"

图4-23　输入文本

(13) 在整个大表格中选择最后一个单元格，将其拆分成两个两行单元格，并在第一行的单元格插入5.jpg(图片 ●参见光盘 参见素材/第四章/4.1/5.jpg)，在最后一行输入"北京汇佳职业学院08计算机专业全体师生2009.5制作 ©版权保留"，效果如图4-24所示。

图4-24　插入文字及图像后的网页效果

(14) 在文档工具栏中，在标题位置处，输入"个人主页"，最后保存该网页，按【F12】在IE浏览器中浏览网页，最终效果如图4-1所示，保存文件为"index.html"。

4.2　国外个人主页

本实例主要模仿一国外个人网页的制作，能进一步使读者了解网页制作的过程和步骤，以及网页制作过程中的拆分表格、设置表格属性、设置网页中的文字等。其最终效果如图4-25所示。

详细制作步骤如下。

图4-25　国外网页最终效果

图4-27　设置页面属性

4.2.1　设置表格框架

（1）新建一个空白文档，单击【属性面板】中的【页面属性】选项，如图4-26所示，并设置对话框中的字体为12像素，上边距为0像素，如图4-27所示。单击"确定"完成设置。

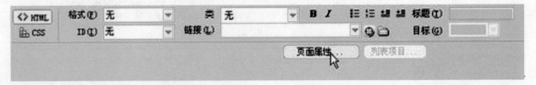

图4-26　单击页面属性按钮

图4-28　设置表格

（2）单击【插入】→【表格】或者按【Ctrl+Alt+T】组合键，弹出插入表格对话框，设置如图4-28所示，单击"确定"按钮，在页面中插入4行1列的表格，如图4-29所示。

（3）选定表格，在【属性面板】中选择【对齐】选项中的"居中对齐"选项，如图4-30所示，插入的表格在

图4-29　插入4行1列的表格

图4-30 设置对齐选项

页面中居中显示。

(4) 利用鼠标选定第一个单元格,按【Ctrl+Alt+T】组合键插入一个5行1列的单元格,如图4-31所示。

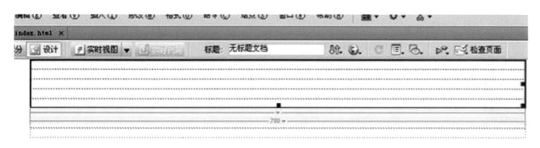

图4-31 在单元格中插入表格

4.2.2 设置网页头部

设置网页头部(图4-32)分为以下步骤:

(1) 将鼠标放置在已插入的5行1列表格的第1个单元格内,设置背景色为(#5286A3),如图4-33所示,并在该单元格选择【插入】→【图像】或按组合键【Ctrl+Alt+I】选择同文件夹下的empty.gif(图片 参见光盘 参见素材/第四章/4.2/empty.gif),并设置该图片的宽度为1像素,高为2像素,边框为0,【属性面板】设置如图4-34所示,完成后页面效果如图4-35所示。

图4-32 设置网页的头部

图4-33 设置单元格的背景色

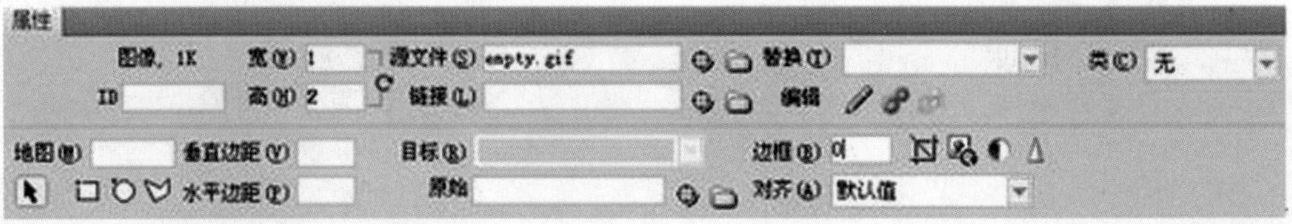

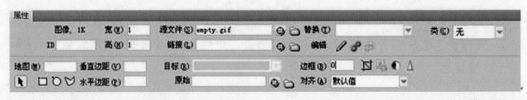

图4-34 插入图片并设置

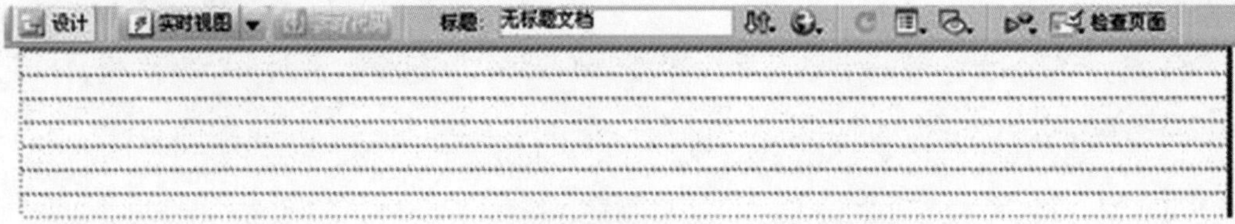

图4-35 设置后页面效果

提示

插入empty.gif图片，作用是占位符，能设置表格的高度和宽度，本身没有任何内容。

(2) 鼠标放置在第二个单元格内，插入empty.gif图片(图片  参见光盘 参见素材/第四章/4.2/empty.gif)，设置该图片的宽度为1，高度也为1，宽度为0，属性面板设置如图4-36所示，设置完成后的页面效果如图4-37所示。

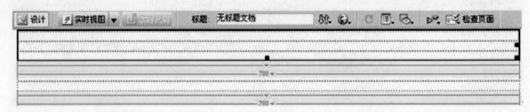

图4-36 插入并设置empty.gif图片

图4-37 设置后页面效果

提示

设置empty.gif图片所在单元格，高度为1像素，显示后几乎看不出来该单元格的高度。

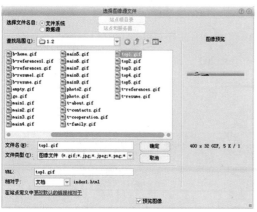

图4-38 选择需插入的图像

图4-39 插入图片后的效果

(3) 选定第三个单元格，按【Ctrl+Alt+I】组合键，选择top1.gif(图片 参见光盘 参见素材/第四章/4.2/top1.gif)，如图4-38所示，其页面显示效果如图4-39所示。

(4) 选定该单元格，单击【文档工具栏】中的拆分按钮，如图4-40所示，在代码窗口中设置<td background="bg5.gif">，将该单元格的背景图片设置为bg5.gif(图片 参见光盘 参见素材/第四章/4.2/bg5.gif)，代码窗口如图4-40所示，页面效果如图4-41所示。

图4-40 设置背景图片

图4-41 插入背景图片后页面效果

(5) 选择第4个单元格，按【Ctrl+Alt+I】组合键插入图片top3.gif(图片 参见光盘 参见素材/第四章/4.2/top3.gif)，页面效果如图4-42所示。

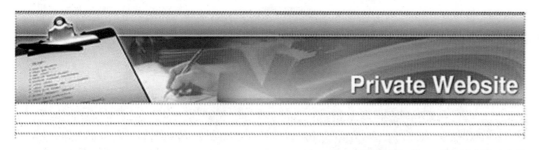

图4-42 插入top3.gif后页面效果

(6) 选择嵌套表格的最后一个单元格，按【Ctrl+Alt+T】组合键，插入一个1行8列的内嵌套表格如图4-43所示。

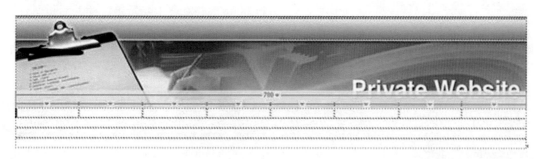

图4-43 插入嵌套表格

(7) 在从第1个单元格～第8个单元格分别插入top4.gif、b-home.gif、b-about.gif、b-references.gif、b-cooperation.gif、b-resume.gif、b-contacts.gif、top5.gif(图片参见光盘 参见素材/第四章/4.2/top4.gif、b-home.gif、b-about.gif、b-references.gif、b-cooperation.gif、b-resume.gif、b-contacts.gif、top5.gif)，页面效果如图4-44所示，完成头部网页的制作。

图4-44 插入图片后页面效果

4.2.3 网页的主体部分的制作

网页的主体部分的制作(图4-45)分为以下步骤：

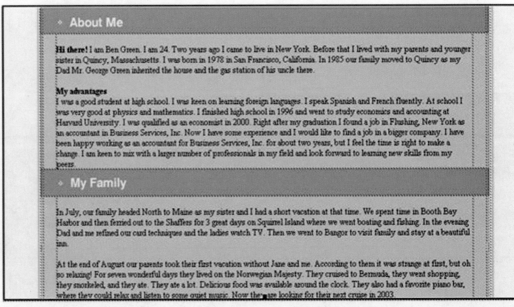

图4-45 网页主体部分

(1) 选定这个表格的第二个单元格，按【Ctrl+Alt+T】组合键插入一个1行3列的表格如图4-46所示，插入后页面效果如图4-47所示。

图4-46 插入表格设置

图4-47 插入后页面效果

(2) 选定第1个单元格，按【Ctrl+Alt+I】组合键插入图片empty.gif(图片 参见光盘 参见素材/第四章/4.2/empty.gif)，在属性面板中设置该图片的宽度为56，高度为1，边框为0，如图4-48所示，且设置该单元格的宽度也为56，设置完成页面效果如图4-49所示。

图4-48　设置empty.gif属性

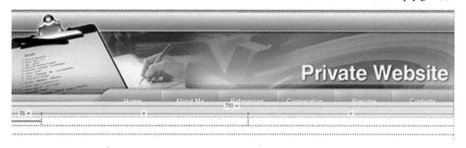

图4-49　设置单元格的宽度为56

(3) 在【文档工具栏】中选择【拆分】按钮，设置该单元格的背景图片为bg2.gif(图片 参见光盘 参见素材/第四章/4.2/bg2.gif)如图4-50所示，设置背景后页面效果如图4-51所示。

图4-50　设置bg2.gif为单元格背景图片

图4-51　设置背景后的单元格页面效果

(4) 重复步骤3、4，在第3个单元格中插入图片empty.gif(图片 参见光盘 参见素材/第四章/4.2/empty.gif)。以及单元格宽度为56像素，该单元格的背景图片为bg2.gif，设置完成后，页面效果如图4-52所示。

图4-52　设置第3个单元格宽度及背景图片

(5) 选定第2个单元格按【Ctrl+Alt+T】组合键插入一个4行1列表格，设置如图4-53所示，插入表格后页面效果4-54所示。

图4-53　插入表格　　图4-54　插入表格后页面效果

(6) 选定第1个单元格，按【Ctrl+Alt+T】组合键插入1行3列的表格，设置如图4-55所示，并设置该表格的背景色为(#7B97A8)，如图4-56所示。

图4-55　插入表格　　图4-56　设置表格背景色

(7) 选择第1个单元格，按【Ctrl+Alt+I】组合键插入图片main1.gif图片(图片参见光盘参见素材/第四章/4.2/main1gif)，并设置该单元格的宽度为4，设置完成后，页面效果如图4-57所示。

图4-57　插入图片和设置单元格宽度

(8) 重复步骤8在第3个单元格中插入图片main2.gif(图片参见光盘参见素材/第四章/4.2/main2.gif)设置表格的宽度也为4，设置完成后页面效果如图4-58所示。

图4-58　设置第3个单元格的页面效果

(9) 选择第2个单元格，按【Ctrl+Alt+I】组合键插入图片empty.gif(图片 参见光盘 参见素材/第四章/4.2/empty.gif)设置该图片的宽度为22，然后继续按 【Ctrl+Alt+I】组合键插入图片t-about.gif，设置完成后页面效果如图4-59所示。

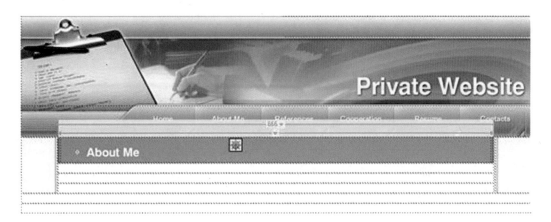

图4-59　插入图片后的页面效果

 本实例中的所有的图片位置在"素材/第四章/4.2"下，以后在 插入图片时，不详细介绍图片位置。

(10) 选择第2个单元格按【Ctrl+Alt+T】组合键插入一个1行5列的表格，设置如图 4-60所示，设置该表格的背景色为(#C0CED6)，设置完成后页面效果图图4-61所示。

图4-60　插入表格

图4-61　设置表格后的页面效果

(11) 选定该表格 的第1个单元格，按 【Ctrl+Alt+I】组合键 插入图片mian9.gif，设 置该单元格的宽度为4 像素，页面效果如图 4-62所示。

图4-62　插入图片并设置单元格

(12) 类似于步骤11，选择第5个单元格，按【Ctrl+Alt+I】组合键插入图片mian7.gif，并设置该单元格的宽度为4，页面效果如图4-63所示。

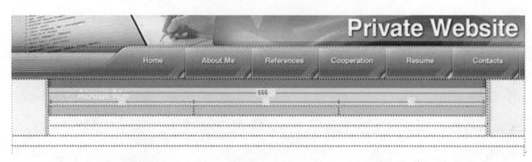

图4-63　插入图片及设置单元格

(13) 选择单元格2、4，分别在其中按【Ctrl+Alt+I】组合键插入图片empty.gif，并设置该图片的宽度为20像素，并分别设置2、4单元格的宽度为20，设置完成后页面效果如图4-64所示。

图4-64　设置2、4单元格

(14) 选择第3个单元格，在其中输入如图4-65所示的文字，最后页面效果如图4-66所示。

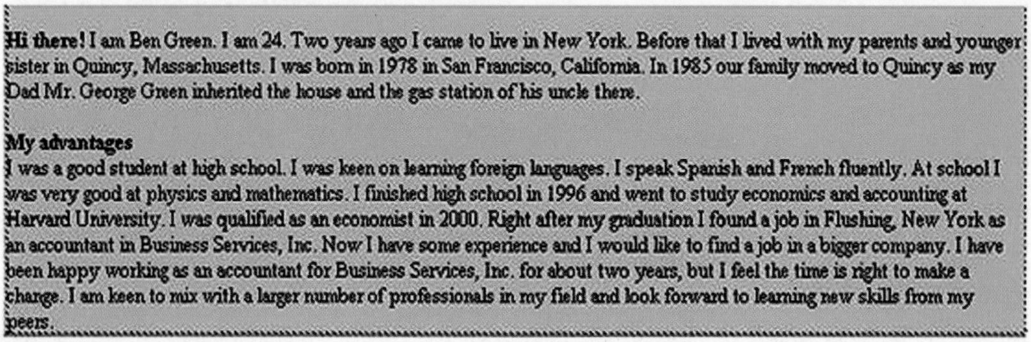

Hi there! I am Ben Green. I am 24. Two years ago I came to live in New York. Before that I lived with my parents and younger sister in Quincy, Massachusetts. I was born in 1978 in San Francisco, California. In 1985 our family moved to Quincy as my Dad Mr. George Green inherited the house and the gas station of his uncle there.

My advantages
I was a good student at high school. I was keen on learning foreign languages. I speak Spanish and French fluently. At school I was very good at physics and mathematics. I finished high school in 1996 and went to study economics and accounting at Harvard University. I was qualified as an economist in 2000. Right after my graduation I found a job in Flushing, New York as an accountant in Business Services, Inc. Now I have some experience and I would like to find a job in a bigger company. I have been happy working as an accountant for Business Services, Inc. for about two years, but I feel the time is right to make a change. I am keen to mix with a larger number of professionals in my field and look forward to learning new skills from my peers.

图4-65　输入文本

图4-66 输入文本后的页面效果

(15) 选择第3行的空白单元格，重复步骤7～10，将步骤10中的图片t-about.gif换成图片t-family.gif后，页面效果如图4-67所示。

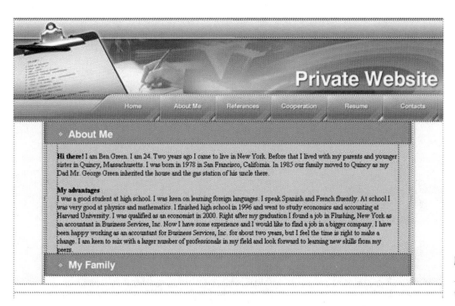

图4-67 设置第三行后的页面效果

(16) 选中第4个空白行，重复步骤11～15，将步骤15中输入的文字换成如图4-68所示的输入文字，最后主体部分的页面效果如图4-69所示。

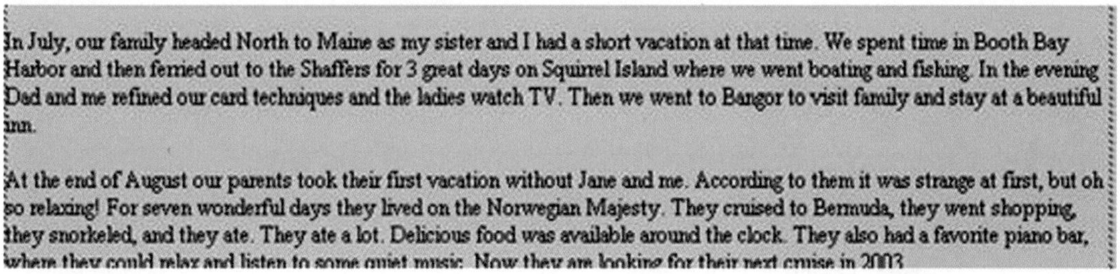

In July, our family headed North to Maine as my sister and I had a short vacation at that time. We spent time in Booth Bay Harbor and then ferried out to the Shaffers for 3 great days on Squirrel Island where we went boating and fishing. In the evening Dad and me refined our card techniques and the ladies watch TV. Then we went to Bangor to visit family and stay at a beautiful inn.

At the end of August our parents took their first vacation without Jane and me. According to them it was strange at first, but oh so relaxing! For seven wonderful days they lived on the Norwegian Majesty. They cruised to Bermuda, they went shopping, they snorkeled, and they ate. They ate a lot. Delicious food was available around the clock. They also had a favorite piano bar, where they could relax and listen to some quiet music. Now they are looking for their next cruise in 2003.

图4-68 该单元格中的输入文本

图4-69　网页主体的最终效果

4.2.4　设置网页的底部

设置网页的底部(图4-70)分为以下步骤：

Home | About Me | Reference | Coorparation | Resume | Contacts

图4-70　网页底部效果

(1) 选定整个表格的第3行，如图4-71所示，设置其背景图片为bg4.gif(将所在的单元格代码设置成为<td background="bg4.gif">即可)，并按3次【Shift+Enter】组合键插入3个换行，页面效果如图4-72所示。

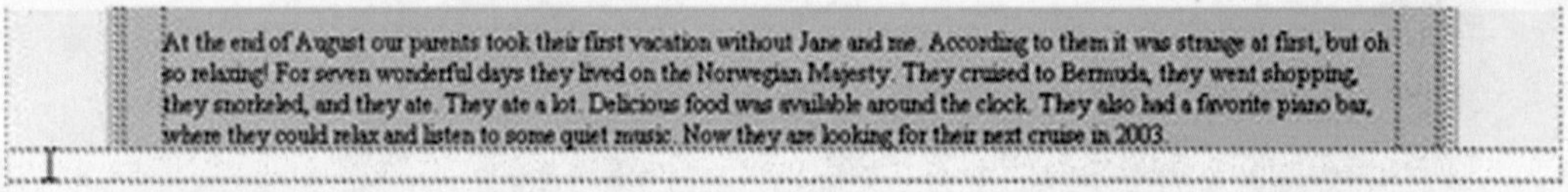

图4-71　选定底部单元格

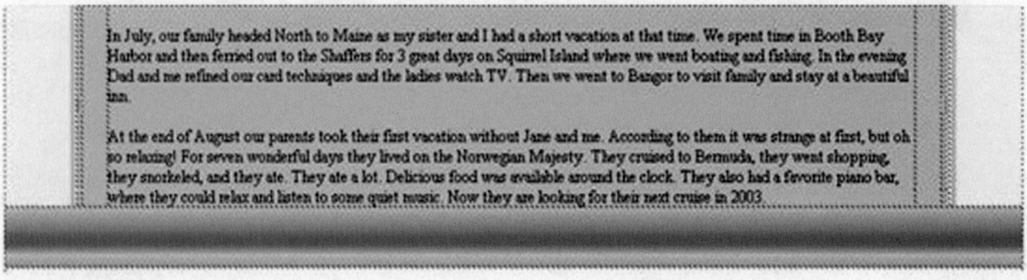

图4-72　插入换行符后的效果

按【Shift+Enter】组合键插入换行符
,和直接按Enter组合键插入分段符<p>。

(2) 在该单元格中输入如图4-73所示的文本字样。

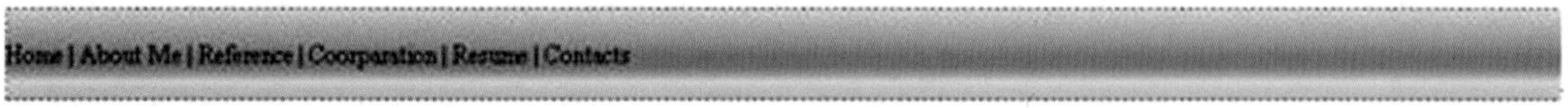

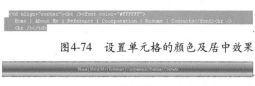

Home | About Me | Reference | Coorparation | Resume | Contacts

图4-73　输入文本

(3) 在【文档工具栏】中打开【拆分】按钮，在该单元格的代码中更改成如下：

`<td align="center"><br /><font color="#FFFFFF">`

Home | About Me | Reference | Coorparation | Resume | Contacts`</font><br />`

`<br /></td>`

图4-74　设置单元格的颜色及居中效果

如图4-74所示，页面效果如图4-75所示。

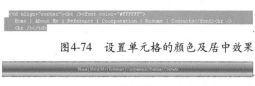

图4-75　更改后的页面效果

图4-76　插入表格

(4) 选定整体表格的最后一行，按【Ctrl+Alt+T】组合键插入4行1列的表格，表格设置如图4-76所示，插入后的页面效果如图4-77所示。

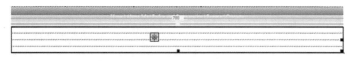

图4-77　插入表格后的效果

(5) 选择第1个单元格，按【Ctrl+Alt+I】组合键插入图片empty.gif，设置图片高度为3，接着选择第2个单元格，设置其背景色为(#555555)，利用同样的方法插入图片empty.gif.。页面效果如图4-78所示。

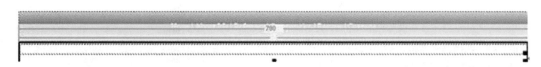

图4-78　设置第1、2单元格

(6) 选择单元格3和4，分别将其背景色设置成(#AAAAAA)，(#E3E3E3)，两个单元格都插入图片empty.gif，此时页面效果如图4-79所示。

(7) 在【文档工具栏】中在【标题】选项中输入"模仿国外网站个人主页"，将该网页保存为"index.html"，按【F12】键浏览该网页，如图4-24所示。

图4-79　完整页面效果

4.3 模仿制作公司网页首页

本实例只介绍网页制作步骤以及拆分表格、插入图像，嵌套表格的使用和在单元格中插入空白占位符设置网页框架等，最终效果如图4-80所示。

图4-80 公司网页首页部分效果

4.3.1 制作网页头部

(1) 新建一空白页面，单击【属性面板】中的【页面属性】按钮，设置字体的颜色为黑色，页面字体为"默认字体"，大小为12像素，背景颜色为(#9999CC)，上边距设置成"0"像素，如图4-81所示，单击【确定】按钮进入页面编辑状态。

(2) 按【Ctrl+Alt+T】组合键插入1行3列的单元格，如图4-82所示，在页面中创建表格后选择【属性面板】中的【对齐】选项的"居中对齐"，页面效果如图4-83所示。

(3) 选择该表格中的第1个单元格，在【属性面板】中设置该单元格宽为400px，高为236像素，然后在【文档工

图4-81 设置页面属性

图4-82 插入表格

图4-83　对齐表格

图4-84　设置背景图片代码

图4-85　设置背景图片效果

如图4-84所示，设置完成后页面效果如图4-85所示。

具栏】中单击【拆分】按钮，在代码窗口中设置该单元格背景图片index_top1.gif(图片 参见光盘 参见素材/第四章/4.3/index_top1.gif)代码为：

```
<td width="400" height="236" background="index_top1.gif">
 
</td>
```

本实例中所有的路径都为相对路径(图片和文件放置在同一文件夹内)，图片的路径为："素材/第四章/4.3/"，在下面的介绍中不再介绍图片路径。

图4-86　代码窗口的代码设置

图4-87　设置背景图片后的页面效果

完成后页面效果如图4-87所示。

(5) 选择该表格的第2个单元格，按【Ctrl+Alt+I】组合键插入图片index_pic.gif后，页面效果如图4-88所示。

(4) 选择该表格的第二个单元格，设置该单元格的宽度为270，类似于步骤3，设置该单元格的背景图像为01.gif，程序代码为：

```
<td width="270" background="01.gif">
 
</td>
```

在代码窗口中如图4-86所示，设置

图4-88　插入图片index_pic.gif

(6) 选择第3个表格，按【Ctrl+Alt+I】组合键插入图片index_top3.gif后，页面效果如图4-89所示。

图4-89　插入图片index_top3.gif

(7) 选择第1个单元格，在【属性面板】中的【垂直】选项中选择"顶端"，如图4-90所示，然后按【Ctrl+Alt+T】组合键插入设置如图4-91所示的3行1列的表格。

图4-90　设置垂直选项

图4-91　插入表格

(8) 选定刚创建的表格在【属性面板】中的【对齐】选项，选择"居中对齐"选项，设置后页面效果如图4-92所示。

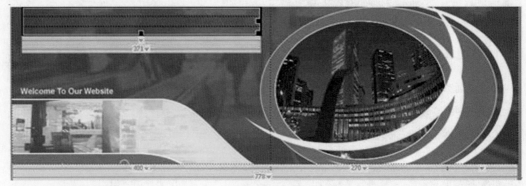

图4-92　设置表格居中对齐

(9) 选择新建表格的第2个单元格输入"您的公司名称"，并在【属性面板】中的【水平】选项选择"居中对齐"，页面效果如图4-93所示。

图4-93　输入文字并居中对齐

（10）在【文档工具栏】
中选择拆分按钮，对该单元
格中的字体进行设置代码
如下：

<td align="center"><font
color="#FFFFFF" size="+3">

您的公司名称

</font></td>

代码窗口如图4-94所示，设置完成后页面效果如图4-95所示。

图4-94　代码窗口中的文字颜色及大小设置

图4-95　设置文字后的页面效果

提示

在上面的代码窗口中出现的"size=+3"，字体的字号不是+3
号字体，而是表明比默认字号大3号。

（11）选择该表格的第3个
单元格，输入"Nin de gong
si ming cheng"，并在【属
性面板】中的【水平】选项选
择"居中对齐"，页面效果如
图4-96所示。

图4-96　输入文本并设置居中

（12）在【文档工具栏】中选择拆分按钮，对该单元格中的字体进行设置代码
如下：

<td align="center"><font color="#FFFFFF" size="+2">

Nin de gong si ming cheng</font>

</td>

代码窗口如图4-97所示，设置完成后页面效果如图4-98所示。

```
<tr>
  <td align="center"><font color="#FFFFFF" size="+2">Nin de gong si ming cheng</font></td>
</tr>
```

图4-97　代码窗口中的文字颜色及大小设置

图4-98　设置文字后的页面效果

　　(13) 按【Ctrl+Alt+T】组合键插入一个1行1列，宽为778像素的表格，并在【属性面板】中选择【对齐】选项中的"居中对齐"选项，如图4-99所示。

图4-99　插入表格并居中对齐

　　(14) 按【Ctrl+Alt+I】组合键插入图片index_top4.gif，页面效果如图4-100所示，完成网页的头部设置。

图4-100　插入图片index_top4.gif

4.3.2　设置网页的主体部分

　　(1) 按【Ctrl+Alt+T】组合键插入一个2行1列，宽为778像素的表格，并在【属性面板】中选择【对齐】选项中的"居中对齐"，页面效果如图4-101所示。

图4-101　插入并居中对齐表格

（2）选择新建表格的第1个单元格，单击【文档工具栏】中的【拆分】按钮，设置该单元格的背景图像为index_bg.gif，设置的程序代码如下：

```
<td background="index_bg.gif">
 
</td>
```

图4-102　设置单元格的背景图片

图4-103　设置背景图片后的页面效果

在代码窗口中如图4-102所示，页面效果如图4-103所示。

（3）选择第1个单元格，按【Ctrl+Alt+T】组合键插入一个1行3列，宽为778像素的单元格，然后分别设置单个单元格的宽度为266像素、466像素和46像素，如图4-104所示。

图4-104　插入嵌套表格并设置单元格的宽度

（4）选中嵌套表格的第1个单元格，按【Ctrl+Alt+T】组合键插入一个设置如图4-105所示的表格，插入表格后页面效果如图4-106所示。

图4-105 插入嵌套表格

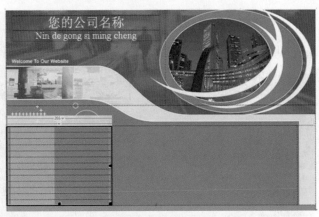

图4-106 插入嵌套表格后的页面效果

（5）选定新建嵌套表格的第1个单元格，按【Ctrl+Alt+I】组合键插入图片index_lmtop.gif，如图4-107所示。

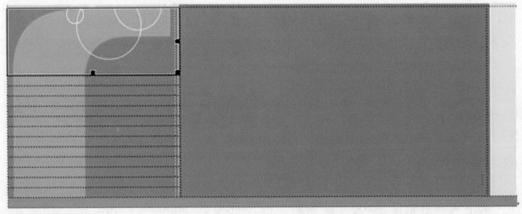

图4-107 插入图片

（6）单击第2个单元格，选择【属性面板】中的 拆分按钮，将该单元格拆分成2个单元格，并将新的第1个单元格宽度设置为118像素，第2个单元格宽度设置为148像素，如图4-108所示。

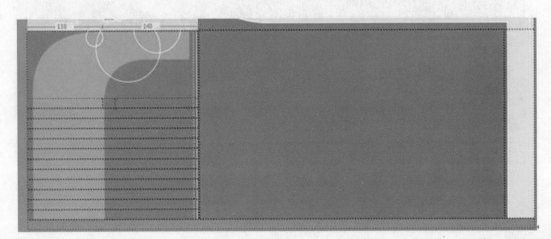

图4-108 拆分单元格

(7) 单击第3个单元格，在【属性面板】中设置其高度为50像素，并设置该单元格的背景图片为 index_lm.gif，设置代码如下：

```
<td height="50" colspan="2"
background="index_lm.gif">
 
</td>
```

在代码窗口中设置如图4-109所示，页面效果如图4-110所示。

(8) 重复步骤7，分别设置单元格4～单元格13，页面效果如图4-111所示。

(9) 选择第3个单元格，按【Ctrl+Alt+T】组合键插入一个1行2列的表格，设置新建表格的第1个单元格的宽度为118，第2个单元格的宽度为148，并在第二个单元格中写上"首页"，并将其加粗，利用【属性面板】中的【水平】选项，设置文字居中显示，如图4-112所示。

(10) 重复步骤9，分别设置单元格4～单元格13，如图4-113所示。

图4-109　代码窗口下设置背景图片

图4-110　设置第3单元格的背景图片和高度

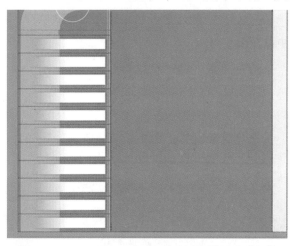
图4-111　分别设置单元格4～单元格13

图4-112　设置单元格并输入文本

(11) 选定被设置成宽度为466的单元格，在【属性面板】中的【垂直】选项里选择"顶端"，然后按【Ctrl+Alt+T】组合键插入一个如图4-114所示的表格，并将其居中对齐，设置后页面效果如图4-115所示。

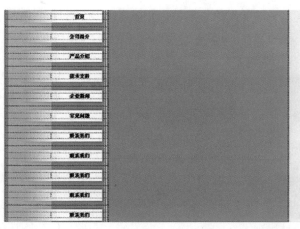
图4-113　设置4-13单元格文字

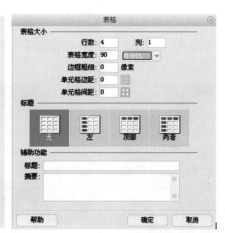
图4-114　插入表格

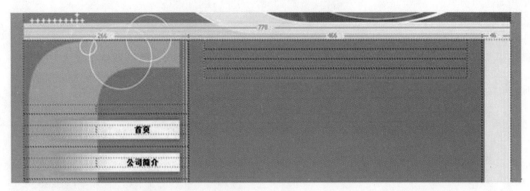

图4-115 插入表格后的页面效果

(12) 选中第1个单元格，输入"团队精神 | 团队介绍 | 公司目标 |"，并在该单元格中设置代码为：

```
<td><font color="#FFFFFF">
团队精神 | 团队介绍 | 公司目标 |
</font></td>
```

在代码窗口中设置如图4-116所示，其页面效果如图4-117所示。

```
<tr>
  <td><font color="#FFFFFF">团队精神 | 团队介绍 | 公司目标 |</font></td>
</tr>
```

图4-116 设置文本的颜色

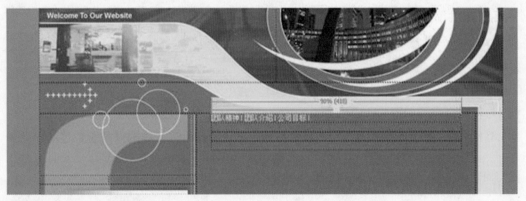

图4-117 设置文本后的效果

(13) 选在第2个单元格，设置该单元格的背景色为黑色，并按【Ctrl+Alt+I】组合键插入"Spacer.htm"，最后设置该单元格的高度为1像素，页面效果如图4-118所示。

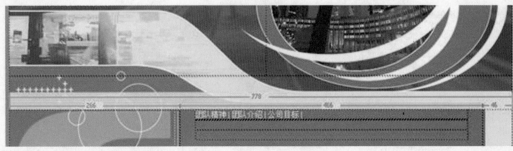

图4-118 插入Spacer.htm页面

在按【Ctrl+Alt+I】组合键的插入图像的时候，选择"所有文件"，此时只能选择Spacer.htm网页，否则不能正确显示。

（14）选择第4个单元格，输入如图4-119所示的文本，输入完成后页面效果如图4-120所示。

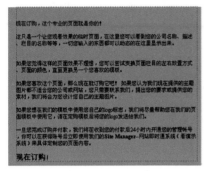

图4-119　需输入的文本

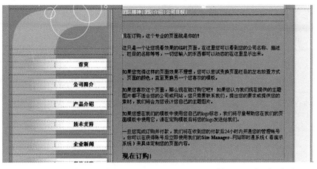

图4-120　输入文本后的效果

（15）按两次【Enter】键，然后按按【Ctrl+Alt+T】组合键插入一个1行1列，宽度为90%的表格，设置背景色为黑色，重复步骤13插入Spacer.htm，其页面效果如图4-121所示。

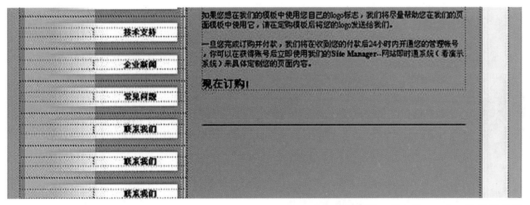

图4-121　插入Spacer.htm并设置效果

（16）按【Ctrl+Alt+T】组合键插入一个1行1列，宽为96%的表格，并在表格中输入如图4-122所示的文本，设置完成后页面效果如图4-123所示。

图4-122　需要输入的文本

图4-123　输入文本后的页面效果

(17) 完成网页主体的设置，如图4-124所示。

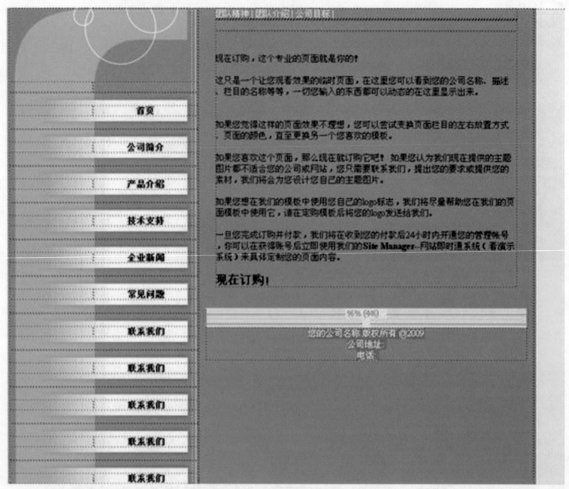

图4-124　主体网页的设置

4.3.3　设置网页的底部

(1) 选择整体表格的最后一行，按【Ctrl+Alt+I】组合键选择图片index_bottom.gif，其页面效果如图4-125所示。

图4-125　插入index_bottom.gif图片

(2) 将文件保存为index.html，并按【F12】键在浏览器中浏览该网页的效果，如图4-126所示。

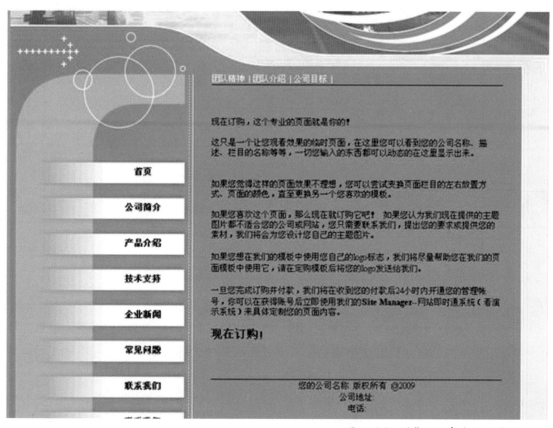

图4-126　浏览网页部分显示效果

4.4　模仿制作音乐网站首页

本实例制作一个音乐网站的首页，主要介绍表格的拆分、嵌套、表格属性的设置，以及表单的使用，CSS样式的使用和在空白单元格中插入空白占位符等，最终页面部分效果如图4-127所示。

详细制作步骤如下。

4.4.1　制作页面头部

（1）新建一空白网页，单击【属性面板】中的【页面属性】，设置该页面的背景色为"#CCCCCC"，字体大小为"12"，上边距为

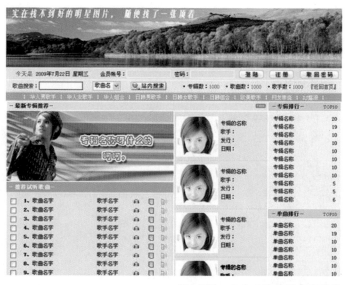

图4-127　音乐网站首页部分效果

"0"，页面属性设置如图4-128所示，单击"确定"按钮进入编辑界面。

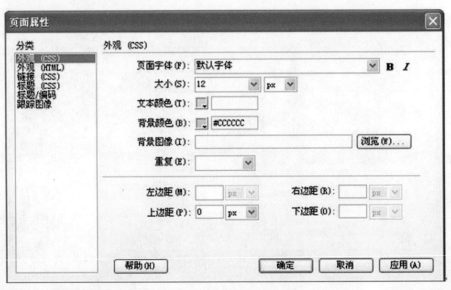

图4-128　设置页面属性

(2) 按【Ctrl+Alt+T】组合键，插入一个14行，1列，宽度为770像素，设置如图4-129所示的表格，然后选中表格在【属性面板】中选择【对齐】选项中的"居中对齐"选项，设置完成后，如图4-130所示。

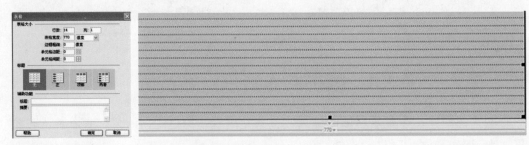

图4-129　插入表格　　图4-130　居中对齐表格

(3) 选定第1个单元格，在【属性面板】中设置高为25像素，并设置该单元格的背景图片为"images/index_01.jpg"（　参见光盘　参见素材/第四章/4.4/ index_01.jpg），设置完成后如图4-131所示。

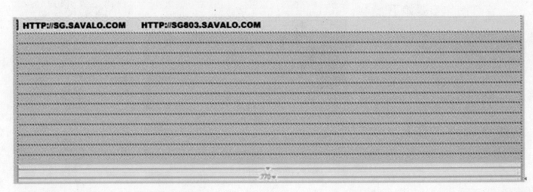

图4.131　设置第一个单元格的背景图片

本实例中所有的路径都为相对路径(图片和文件放置在同一文件夹内),图片的路径为:"素材/第四章/4.4/",在下面介绍中不再介绍图片路径。

设置表格的背景图片只需在【拆分】视图下,在其相应的单元格中设置background属性即可,如本例中的"<td height="25" background="index_01.jpg">",在后面的篇幅中,将不具体介绍如何设置背景图片。

(4) 选择第1个单元格,按【Ctrl+Alt+T】组合键插入一个1行1列,宽度为98%的表格,选中该表格在【属性面板】中选择"居中对齐",如图4-132所示。

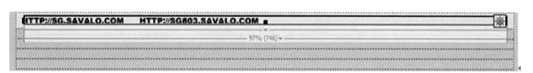

图4-132 居中对齐嵌套表格

(5) 将鼠标插入该嵌套表格内,并在【拆分】视图下,设置该单元格为"右对齐",并在其中输入"│ 加入收藏 │ 设为主页│ 关于我们 │",此时页面如图4-133所示。

图4-133 右对齐输入文字

表格中使内容对齐可在【拆分】视图下,在单元格代码中添加align属性,其中"left, center, right"对应的分别为"左,居中,右对齐",本例中的代码为"<td align="right">│ 加入收藏 │ 设为主页│ 关于我们 │</td>",在后面的篇幅中遇到类似情况不作讲解。

(6) 选择第2个单元格,按【Ctrl+Alt+I】组合键插入"分隔符.gif",在【拆分】下代码为"td><img src="分隔符.gif" width="1" height="1" /></td>"。

（7）选择第3个单元格，按【Ctrl+Alt+I】组合键，插入图片"index_02.jpg"，如图4-134所示为网页的头部。

图4-134　网页头部

4.4.2　制作页面中部

（1）选择第4个单元格，重复步骤6，插入"分隔符.gif"，然后选择第5个单元格，设置该单元格的高度为28像素，并设置该单元格的背景图片为"index_03.jpg"，如图4-135所示。

图4-135　设置背景图片

（2）将光标插入到第5个单元格内，按【Ctrl+Alt+T】组合键插入一个1行2列，宽度为770像素的表格，并设置该嵌套表格的第1个单元格的宽度为210像素，如图4-136所示。

图4-136　插入嵌套表格并设置单元格的宽度

(3) 选择嵌套表格的第1个单元格，并在【拆分】视图下设置内容为居中显示，并在对应的单元格代码输入如下的程序代码：

```
<script>
today=new Date();
var day;
var date;
var hello;
hour=today.getHours()
if(hour < 6)hello='凌晨好! '
else if(hour < 9)hello='早上好! '
else if(hour < 12)hello='上午好! '
else if(hour < 14)hello='中午好! '
else if(hour < 17)hello='下午好! '
else if(hour < 19)hello='傍晚好! '
else if(hour < 22)hello='晚上好! '
else {hello='半夜好! '}
day=today.getDay()
if(day==0)day=' 星期日'
else if(day==1)day=' 星期一'
else if(day==2)day=' 星期二'
else if(day==3)day=' 星期三'
else if(day==4)day=' 星期四'
else if(day==5)day=' 星期五'
else if(day==6)day=' 星期六'
date=(today.getYear())+'年'+(today.getMonth()+1)+'月'+today.getDate()+'日';
document.write("<strong><font color=#0B6CFF>" +'今天是 '+"</font></strong>")
document.write(date);
document.write(day
```

如图4-137所示。

图4-137　插入程序代码

(4) 选择嵌套表格的第2个单元格，选择【插入】→【表单】→"表单"选项，接着按【Ctrl+Alt+T】组合键插入一个1行5列，宽度为100%的表格，并设置每个单元格的宽度分别为170像素，145像素，70像素，70像素和105像素，如图4-138所示。

图4-138　在表单中插入嵌套表格

（5）分别在第1个单元格中输入"会员账号："，然后【插入】→【表单】→"文本区域"，选中该文本区域，在其【属性面板】中设置该文本区域的名字为"username"，字符宽度为14像素，如图4-139所示。

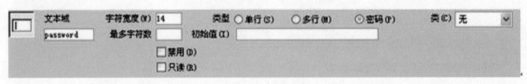

图4-139　设置账号文本区域属性

（6）类似于步骤5，选择第2个单元格输入"密码："，并插入文本区域，在其【属性面板】中设置名称为"password"，字符宽度为"14"，类型为"密码"。如图4-140所示。

图4-140　设置密码文本区域属性

（7）分别选择第3，4，5单元格，并设置它们居中显示，然后分别插入图片"enter.jpg"、"login.jpg"、"forgot.jpg"，页面效果如图4-141所示。

图4-141　插入图片后的页面效果

（8）利用鼠标插入至下一行的单元格中，按【Ctrl+Alt+I】组合键插入图片"分隔符.gif"。

（9）将鼠标插入至下一行单元格中，在【属性面板】中设置【行高】为26像素，并设置该行的背景图片为"index_04.jpg"，如图4-142所示。

图4-142　设置行高及背景图片

（10）按【Ctrl+Alt+T】插入1行2列的宽为770像素的表格，并设置第1个单元格的宽度为380，如图4-143所示。

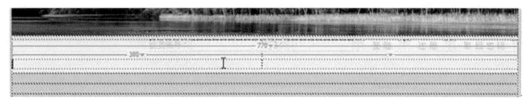

图4-143　插入嵌套表格并设置单元格宽度

（11）在刚插入的嵌套表格内，选择【插入】→【表单】→"表单"选项，接着继续按【Ctrl+Alt+T】插入1行3列宽度设置成100％，设置3个单元格的宽度分别为190像素，80像素和110像素，如图4-144所示。

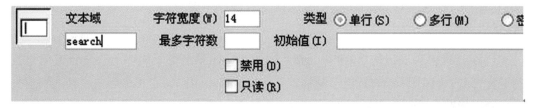

图4-144　插入表单、表格和设置单元格

（12）选择第1个单元格，输入"歌曲搜索："，选择【插入】→【表单】→"文本域"；然后设置该单元格内容居中显示，并设置该文本域的宽度为14，名称为"search"，如图4-145所示，

文本域	字符宽度(W)	14	类型	◉ 单行 (S)	○ 多行 (M)	○ 密
search	最多字符数		初始值 (I)			
	☐ 禁用 (D)					
	☐ 只读 (R)					

图4-145　设置文本区域的属性

单元格内容居中显示，只需在相应的单元格代码中的align属性的值设置成"center"即可。

（13）选择第2个单元格，也将其中内容设置成为居中显示，并选择【插入】→【表单】→"列表/菜单"，在其【属性面板】中的【类型】选项选择"菜单"，如图4-146所示，接着单击【属性面板】中的"列表值"，【项目标签】下输入"歌曲名"，

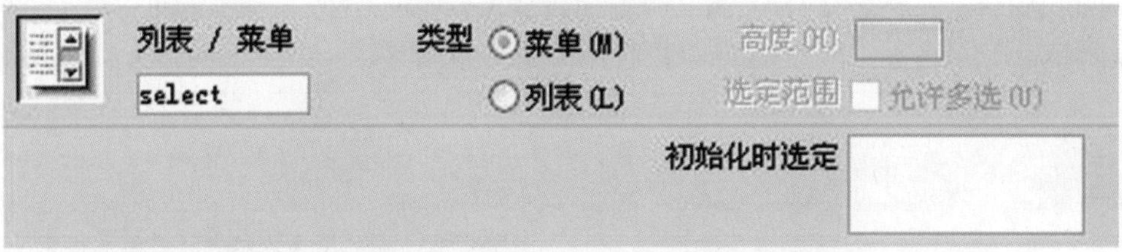

图4-146　设置列表/菜单类型

图4-147　设置列表值对话框

【值】下输入"歌曲名"，如图4-147所示。

(14) 单击"列表值"对话框中的⊞，在新的【项目标签】下输入"歌手名"，【值】下输入"歌手名"，单击【确定】按钮完成，接着在第3个单元格中插入图片"search.gif"，如图4-148所示。

图4-148　插入图片

(15) 选择外层表格的第2个单元格，水平方向设置为"右对齐"，垂直方向设置为"底部"，【Ctrl+Alt+I】组合键插入"menu-point.gif"，在图标后空格输入相应文本，数字用蓝色显示，重复几步，如图4-149所示。

图4-149　插入图片及输入文本

设置单元格中的某部分字体为其他颜色，只需要在其相应的单元格的color属性中设置相应的值即可，本实例的具体代码如下"<font color="#0066FF">1000</font>"。

(16) 选择下一行单元格, 按【Ctrl+Alt+I】组合键插入图片"分隔符.gif", 然后单击下一行单元格, 设置该单元格的行高为22像素, 背景图片为"index_05.jpg", 如图4-150所示。

图4-150 设置背景图片及行高

(17) 在单元格中设置内容水平方向"居中对齐", 垂直方向"底部"; 并设置字体的颜色为白色(设置color的值为"#FFFFFF"即可), 输入如图4-151所示的内容。

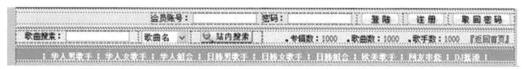

图4-151 输入文本

(18) 然后选中下一行, 按【Ctrl+Alt+I】组合键插入图片"分隔符.gif", 中部页面制作完成, 如图4-152所示。

图4-152 中部完场后的页面效果

4.4.3 页面的主体部分(左)

(1) 选中中部网页的底部第1个单元格, 按【Ctrl+Alt+T】组合键插入一个1行2列的宽度为100%的表格, 并设置第1个单元格的宽度为599像素。第2个单元格为171像

图4-153 插入图片

素，并分别在两个单元格中插入图片"index_06.jpg"和"index_07.jpg"，如图4-153所示。

(2) 选中底下的单元格，按【Ctrl+Alt+T】组合键插入一个1行2列宽度为770像素的表格，设置表格的第1个单元格的宽度为599像素，另一个单元格的宽度为171像素，如图4-154所示。

图4-154 插入表格设置单元格宽度

(3) 选中第1个单元格，继续按【Ctrl+Alt+T】组合键插入一个1行2列嵌套表格，且设置该嵌套表格的第1个单元格的宽度为384像素，第2个单元格的宽度为115像素，并在刚建立的表格的第1个单元格按【Ctrl+Alt+T】组合键插入5行1列的表格，如图4-155所示。

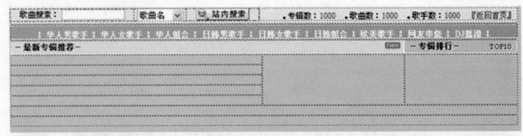

图4-155 嵌套表格中插入表格

(4) 在新的嵌套表格的第1、第2单元格，分别插入图片"index_8.jpg"和"index_11.jpg"如图4-156所示。

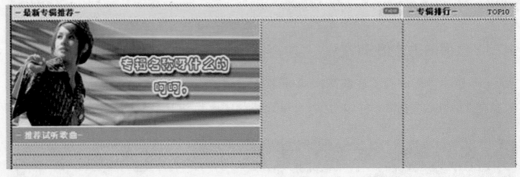

图4-156 插入图片

(5) 选择相应的底部第3个单元格，设置其高度为270像素，背景图片为"index_12.jpg"，然后选择【插入】→【表单】→"表单"，并按【Ctrl+Alt+T】组合键插入一个14行6列，宽度为374像素，并居中显示的表格，垂直方向设置为"顶端"，如图

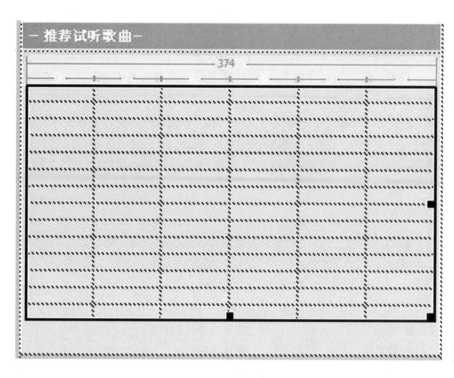

图4-157 设置
高、背景图片
及插入表格

4-157所示。

(6) 设置新嵌套的表格的单元格宽度分别为24、160、101、33、33、33像素，拖选该表格的第1行、第13行和第14行，然后在【属性面板】中选择 回，合并两行；并设置第1行和第13行的高度为8像素，如图4-158所示。

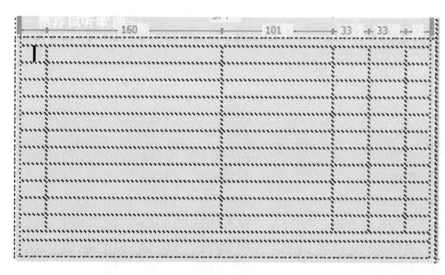

图4-158 设置
单元格属性

新建单元格本身有个 " " 空格标识符，要设置单元格的高度为8，并显示出相应的高度，将相应代码中的 " " 代码删除即可。

(7) 选择第2行中的第1个单元格，【插入】→【表单】→"复选框"，且设置该表格的内容居中显示，接着在第2个单元格中输入"1、歌曲名字"，第3个单元格中居中输入"歌手名字"，第4、第5、第6单元格，分别居中插入图片"wma.gif"、"gezhi.gif"、"sms.gif"，如图4-159所示。

图4-159　第1行内容

(8) 重复步骤7，输入2~13行内容，如图4-160所示，并在第14行插入一个1行3列的嵌套表格，并在其中选择【插入】→【表单】→"按钮"插入3个按钮，如图4-161所示。

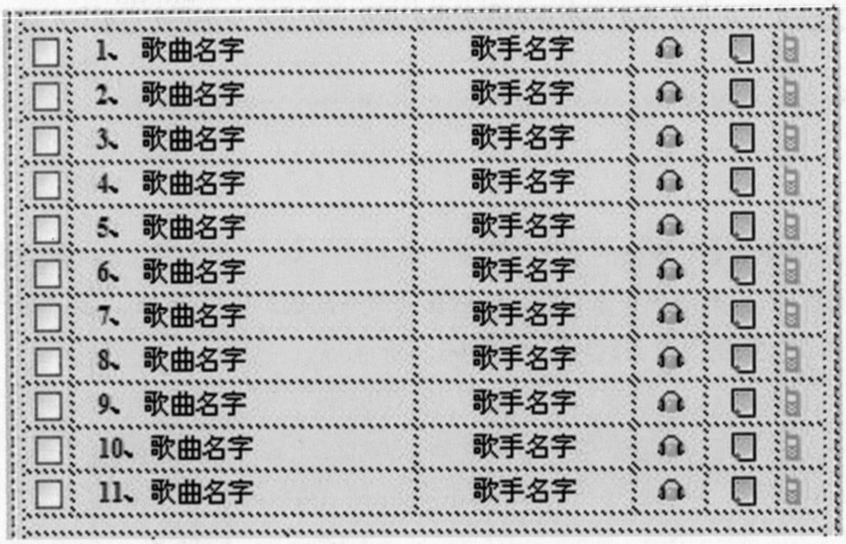

图4-160　输入3~12行表格内容

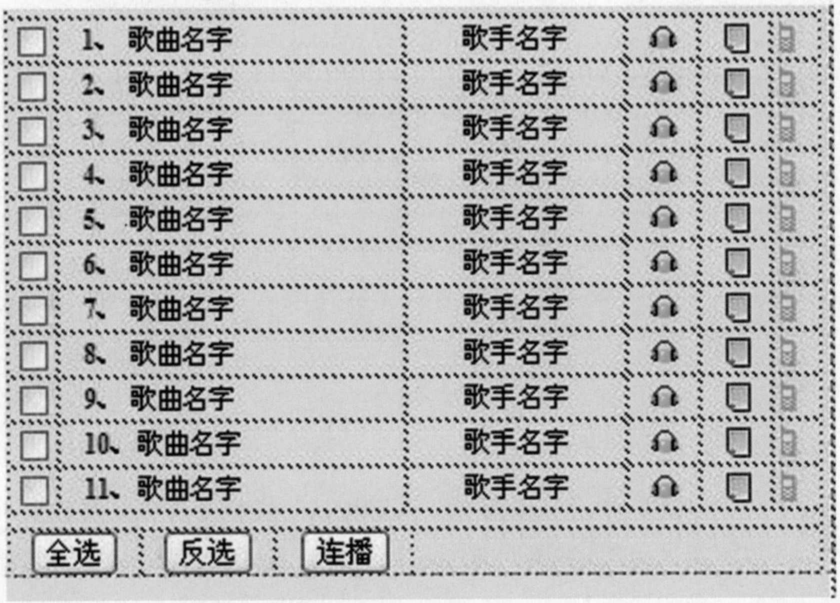

图4-161　插入3个按钮

在【属性面板】中依次将三个按钮的值更改为"全选"、"反选"和"连播"，由于本网页只是为了设计页面效果，并不需要实现按钮的功能，不需要设置按钮的名称，如想能实现完整的动态效果，需参考动态网页制作教材。

(9) 选中下面的单元格，按【Ctrl+Alt+I】组合键插入图片"index_15.jpg"，如图 4-162所示。

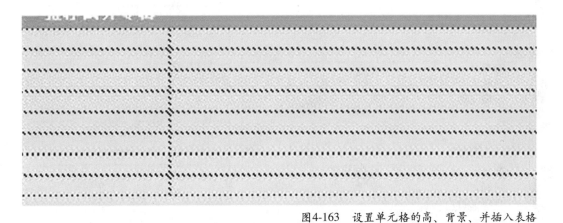

图4-162　插入图片

(10) 选择最后1个单元格，设置单元格的高度为445像素，背景图片为"index_18.jpg"，垂直方向为"顶端"，并插入一个8行2列的表格，设置该嵌套表格的第1个单元格的宽度为112像素，如图4-163所示。

图4-163　设置单元格的高、背景、并插入表格

(11) 合并第1行、第2行中的第1的两个单元格，设置合并后的单元格内容居中，并插入图片"star.jpg"，并在图片底部输入"专辑的名称"，如图4-164所示。然后在第1行的第2个单元格输入如图4-165所示的文本。

专辑的名称

图4-164　合并单元格并插入图片

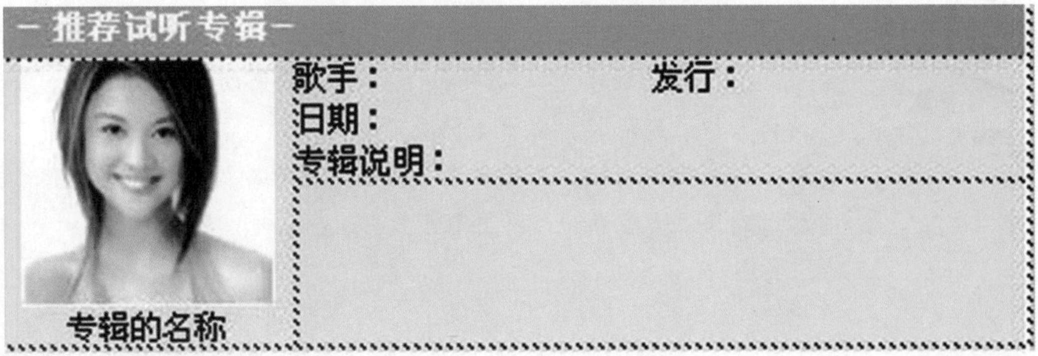

图4-165　输入文本

　　(12) 重复步骤11，将剩下的单元格设置成如图4-166所示。

　　(13) 选定整个单元格的第2个单元格(页面的中部内容)，设置该单元格的背景图片为"index_9.jpg"，【属性面板】中的水平方向为"居中对齐"，垂直方向设置为"顶端"，并按【Ctrl+Alt+T】组合键插入一个16行2列的表格，设置第1列的宽度为99像素如图4-167所示。

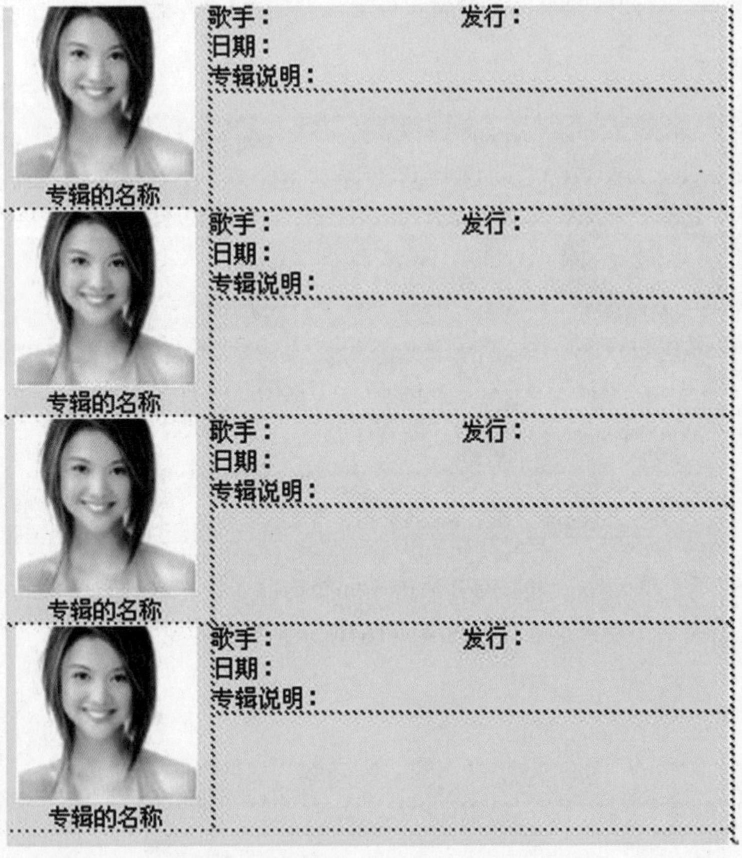

图4-166　完成后的嵌套表格内容

图4-167　设置单元格背景图片并插入表格

　　(14) 合并表格的第1行、第2行的第1个单元格，并按【Ctrl+Alt+I】组合键插入图片"star04.jpg"，接着按【Shift+Enter】组合键换行，如图4-168所示。

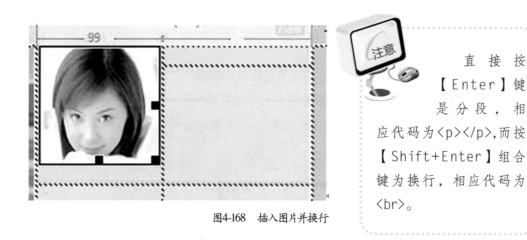

图4-168 插入图片并换行

直接按【Enter】键是分段，相应代码为<p></p>,而按【Shift+Enter】组合键为换行，相应代码为
。

(15) 在插入图片单元格的右方的下面单元格，设置垂直方向为"居中"，输入的内容如图4-169所示。

图4-169 输入文本

(16) 重复步骤14、15，最后设置的表格内容如图4-170所示。

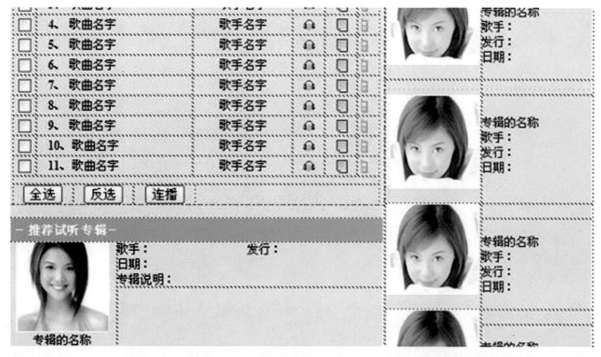

图4-170 完成页面主体的左边内容

4.4.4 页面的主体部分(右)

(1) 将鼠标放置最后1列，在垂直方向上设置成"顶端"，然后按【Ctrl+Alt+T】组合键插入一个7行1列，宽度为171像素的表格，如图4-171所示。

(2) 选定第1个单元格，设置该单元格的高为217像素，背景图片为"index_10jpg"，如图4-172所示。

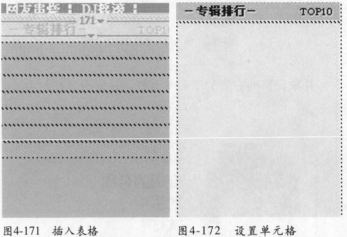

图4-171 插入表格　　　图4-172 设置单元格高度和背景图片

(3) 设置该单元格的【垂直】方向为"顶端"，然后按【Ctrl+Alt+T】组合键插入一个12行2列的宽度为171的表格，并设置第1个单元格的宽度为140像素，设置每个单元格的高度为18像素，如图4-173所示。

(4) 在相应单元格中输入内容，如图4-174所示。

图4-173 设置单元格的宽度和高度　　　图4-174 在单元格中输入相应的内容

(5) 选中相应单元格的下一行单元格，按【Ctrl+Alt+I】组合键插入图片"index_13.jpg"，如图4-175所示。

(6) 选中下个单元格，设置该单元格的高度为217像素，背景图片为"index_14.jpg"，如图4-176所示。

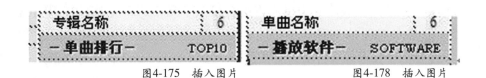

专辑名称
6
－单曲排行－
TOP10

图4-175　插入图片

单曲名称
6
－播放软件－
SOFTWARE

图4-178　插入图片

(7) 重复步骤3，4，按【Ctrl+Alt+T】组合键插入一个12行2列，宽度为171像素表格并在表格中相应的内容，如图4-177所示。

(8) 将光标插入至下个单元格中，按【Ctrl+Alt+I】组合键插入图片“index_16.jpg”，如图4-178所示。

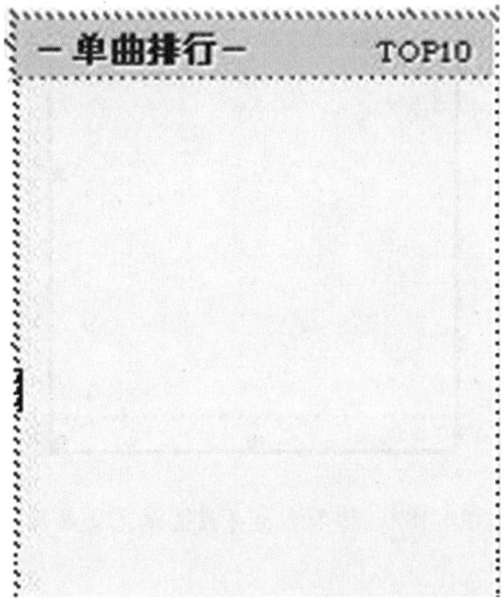

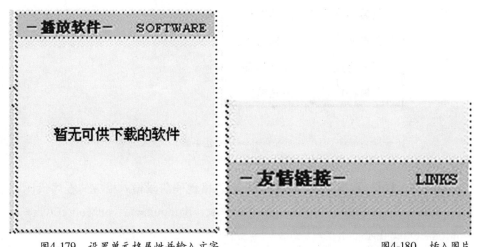

－单曲排行－
TOP10

图4-176　设置单元格属性

－单曲排行－
TOP10
单曲名称 20
单曲名称 19
单曲名称 10
单曲名称 10
单曲名称 10
单曲名称 10
单曲名称 10
单曲名称 10
单曲名称 5
单曲名称 5
单曲名称 6

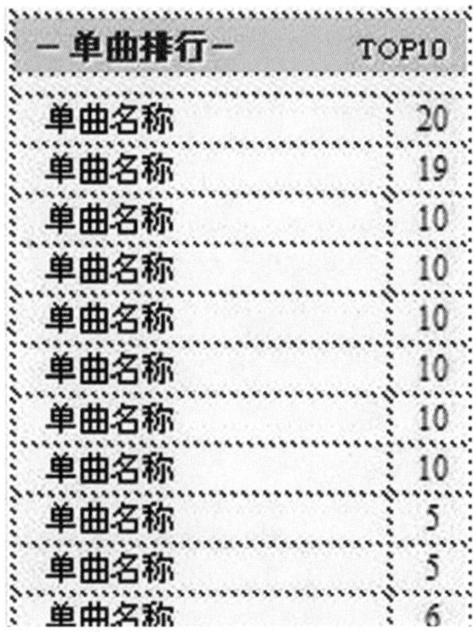

图4-177　插入表格并输入内容

(9) 将光标插入至下个单元格中，设置该单元格的高度为161像素，背景图片为“index_17.jpg”，设置水平方向为“居中对齐”，垂直方向为“居中”，并输入“暂无可供下载的软件”，如图4-179所示。

(10) 将光标插入至下个单元格中，按【Ctrl+Alt+I】组合键插入图片“index_18.jpg”，如图4-180所示。

－播放软件－
SOFTWARE
暂无可供下载的软件

图4-179　设置单元格属性并输入文字

－友情链接－
LINKS

图4-180　插入图片

(11) 将光标插入至最后一个单元格中，设置单元格的高度为240，背景图片为"index_20.jpg"，如图4-181所示。

(12) 设置该单元格垂直方向为"顶端"，按【Ctrl+Alt+T】组合键插入一个2行2列，宽度为171像素的表格，合并第1行的两个单元格且设置高度为210像素，如图4-182所示。

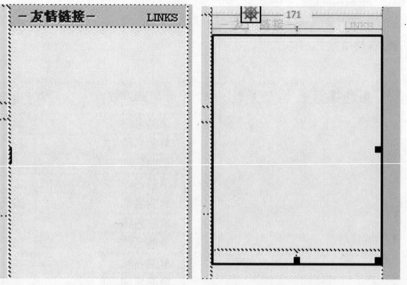

图4-181　设置单元格的高及背景图片　　图4-182　插入表格并设置单元格属性

(13) 将光标插入新单元格内，按【Ctrl+Alt+T】组合键插入一个6行2列的表格，并输入如图4-183所示的内容。

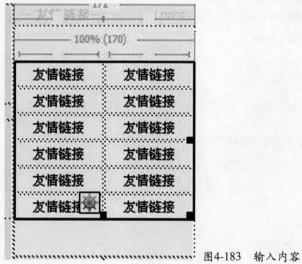

图4-183　输入内容

(14) 在【拆分】视图下，在最后一个表格代码前段输入相应的程序代码：

```
<marquee direction="up" height="226" scrollamount="2" onMouseOver="this.stop()" onMouseOut="this.start()">
          …………
```

```
<td height="230" colspan="2"><marquee direction="up" height="226" scrollamount="2"
onMouseOver="this.stop()" onMouseOut="this.start()">
 <table width="100%" border="0" cellpadding="4" cellspacing="1" bgcolor="#FFFFFF">
  <tr align="center" bgcolor="#EDEFE2">
   <td>友情链接</td>
   <td bgcolor="#EDEFE2">友情链接</td>
  </tr>
  <tr align="center" bgcolor="#EDEFE2">
   <td>友情链接</td>
   <td>友情链接</td>
  </tr>
  <tr align="center" bgcolor="#EDEFE2">
   <td>友情链接</td>
   <td>友情链接</td>
  </tr>
  <tr align="center" bgcolor="#EDEFE2">
   <td>友情链接</td>
   <td>友情链接</td>
  </tr>
  <tr align="center" bgcolor="#EDEFE2">
   <td>友情链接</td>
   <td>友情链接</td>
  </tr>
  <tr align="center" bgcolor="#EDEFE2">
   <td>友情链接</td>
   <td>友情链接</td>
  </tr>
 </table>
</marquee></td>
```

图4-184　插入滚动字幕代码

</marquee>

该段代码主要实现滚动字幕功能，代码如图4-184所示。

（15）设置最后一行的高度为30像素，设置两单元格中内容居中显示，并分别在两个单元格中输入"[申请加入]"、"[查看审核]"，如图4-185所示，整个主体部分网页如图4-186所示。

图4-185　输入文本

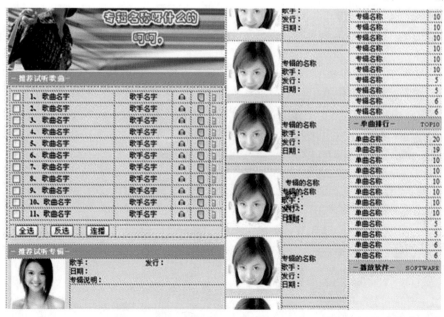

图4-186　主体部分网页

4.4.5 网页的尾部

（1）选中底部的倒数第2个单元格，按【Ctrl+Alt+I】组合键插入图片"分隔符.gif"，页面效果如图4-187所示。

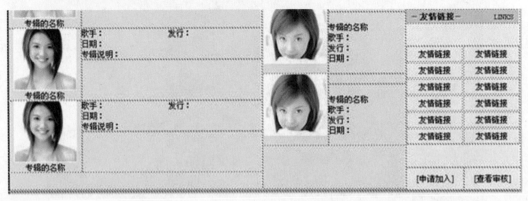

图4-187 插入分隔符后效果

（2）选择最后一个单元格，设置单元格的高度为60，背景图片为"index_21.jpg"，如图4-188所示。

图4-188 设置单元格高度及背景图片

（3）设置单元格水平对齐为"居中对齐"，垂直对齐为"居中"，该单元格的文本颜色为白色，并输入"北京汇佳职业学院08计算机应用技术专业全体师生2009.5制作 © 版权保留"，如图4-189所示，整个网页如图4-190所示。

北京汇佳职业学院08计算机专业全体师生2009.5制作 ©版权保留

图4-189 输入文本

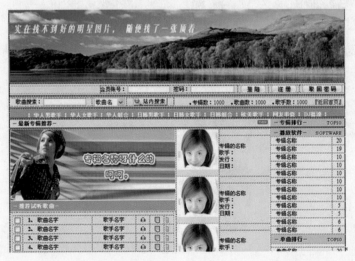

图4-190 部分页面的效果

4.4.6　CSS样式设置

　　由于HTML对页面元素的控制能力有限，因此功能强大的CSS样式表(Cascading Style Sheet，层叠样式表)逐渐成为定义网页格式的重要工具，利用它可以对页面当中的文本、段落、图像、页面背景、表单元素外观等的实现更加精确的控制，甚至浏览器的滚动条等的一些属性都可以通过它来调整。更为重要的是，CSS真正实现了网页内容和格式定义的分离，通过修改CSS样式表文件就可以修改整个站点文件的风格，大大减小了更新站点的工作量。

　　(1) 单击【窗口】→CSS样式或按【shift+F11】组合键打开CSS样式面板如图4-191所示。

　　(2) 单击CSS样式面板中的新建CSS规则按钮 ，出现如图4-192所示的新建CSS规则对话框，在"选择器类型"中选择"类(可应用于任何HTML元素)"，

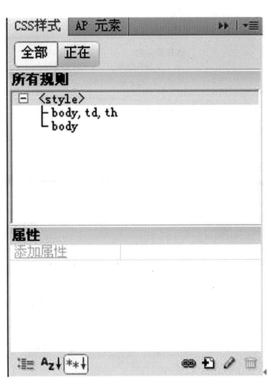

图4-191　打开CSS样式面板

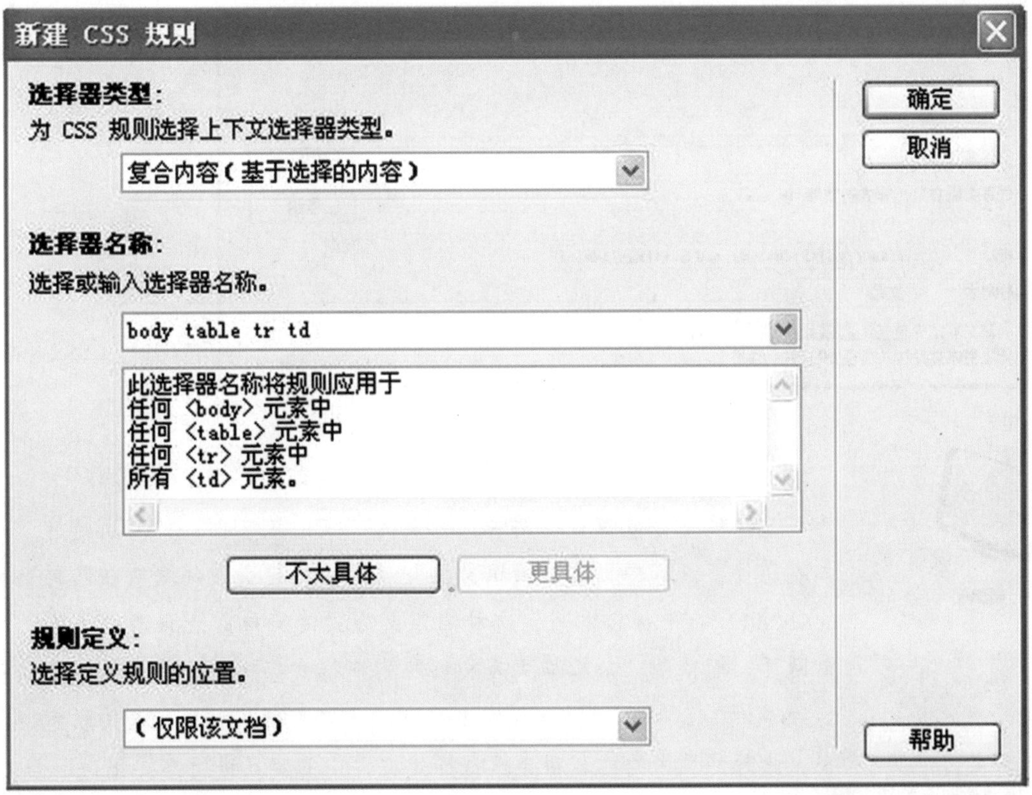

"选择器名称"中输入"login-input"，"规则定义"中选择"新建样式表文件"，如图4-193所示，单击"确定"按钮完成该对话框设置，并弹出如图4-194所示CSS文件存储位置，并在名称栏内输入"Style.CSS"。

图4-192　新建CSS规则对话框

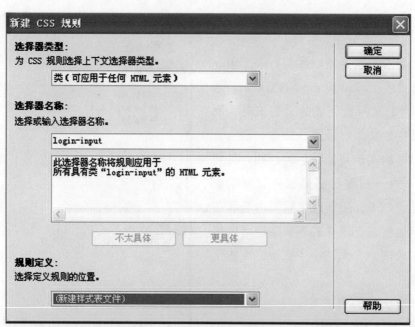

图4-193　设置选项

图4-194　CSS文件存储位置

　　选择规则存放位置有两种：分别为"仅限该文档"和"新建样式表文件"。其中，"仅限该文档"实际是将定义代码块放在网页的<head>和</head>之间，这种的定义方式使得样式表只能用于当前网页。而使用"新建样式表文件"则把样式存放在外部扩展名为css的文件中，可以用链接样式表文件的方式将网页和样式表关联起来，此时网页中的内容将会根据样式文件中的定义进行格式化。

（3）在如图4-195所示弹出的.login-input的css规则定义对话框中，选择左边分类中的类型，并设置其中值如图4-196所示。

（4）选择分类选项中的"背景"，并设置其中相关选项的值如图4-197所示。

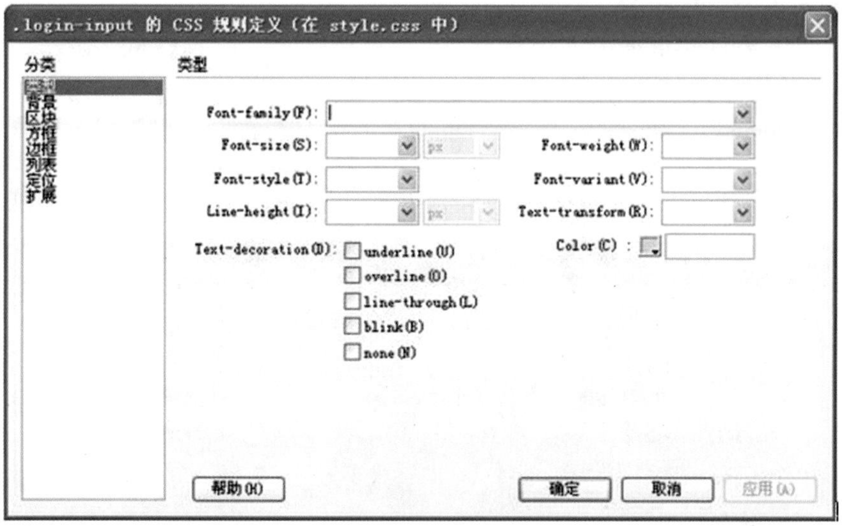

图4-195 .login-input类型对话框

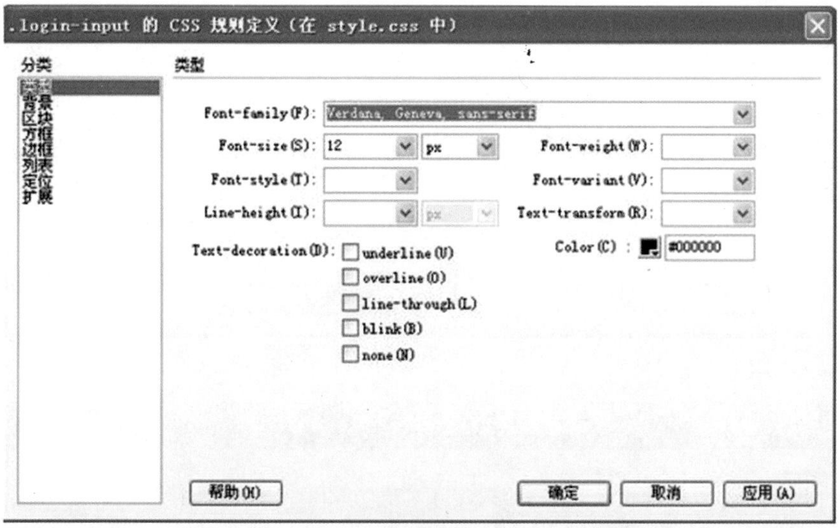

图4-196 设置类型中相关变量的值

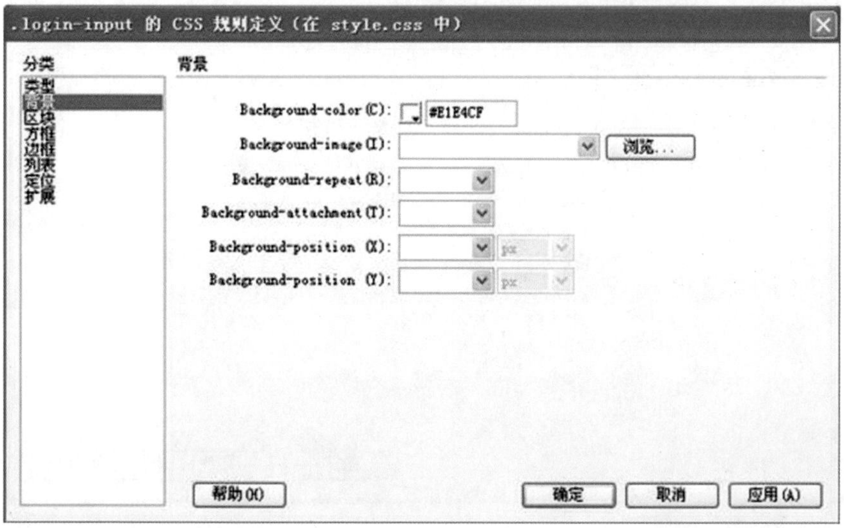

图4-197 设置背景选项相关值

(5) 选择分类中的"边框"选项，并设置其中相关选项的值如图4-198所示，单击"确定"按钮完成.login-input样式的设置，在CSS样式面板中出现如图4-199所示的.login-input样式的信息。

(6) 重复步骤2～5，创建类CSS样式".select-input"，设置其相应的值如图4-200～图4-202所示。

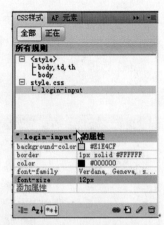

图4-199　CSS样式面板中.login-input信息

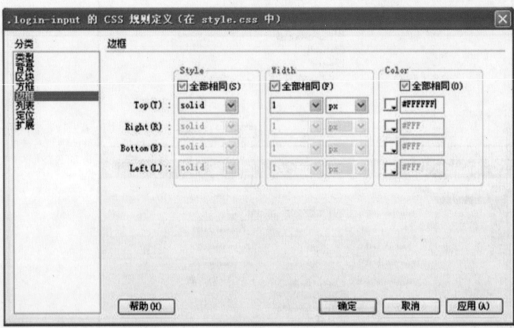

图4-198　设置边框选项相关值

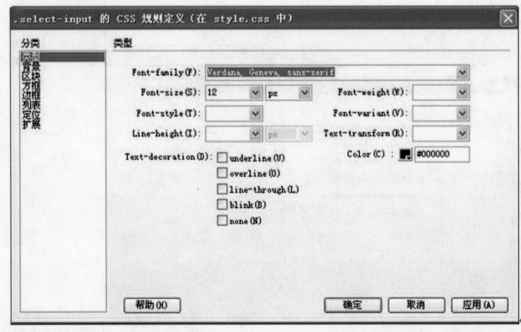

图4-200　类型选项相关值

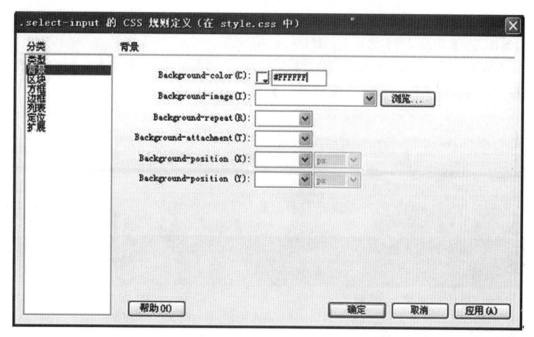

图4-201 设置背景相关选项值

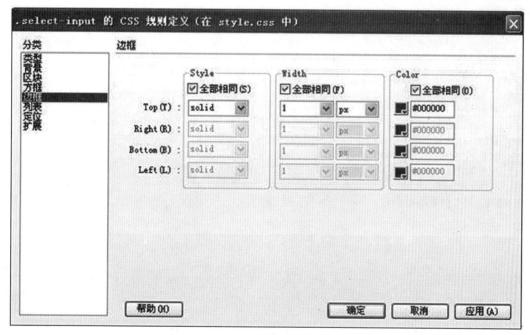

图4-202 设置边框相关选项的值

(7) 选择本页面的中部,选择会员账号,密码后的文本框,并在相应的【属性面板】中的【类】选项,选择"login-input",属性面板如图4-203所示。

图4-203 设置会员账号、密码后文本框的样式

(8) 接着选择本页面会员账号，密码下的歌曲搜素，歌曲名中的列表，并在相应的【属性面板】中的【类】选项，选择"select-input"。

(9) 在【文档工具栏】中在【标题】选项中输入"模仿音乐网站首页"，将该网页保存为"index.html"，按【F12】键浏览该网页，如图4-204所示。

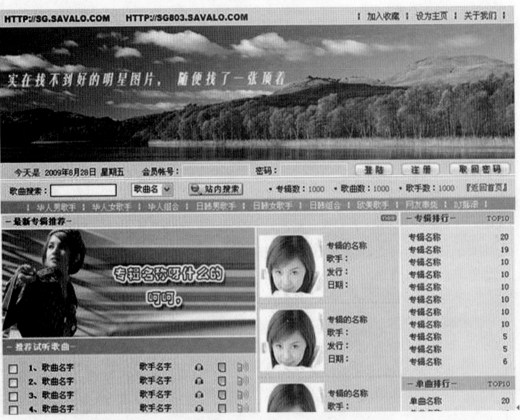

图4-204　网页的最终效果

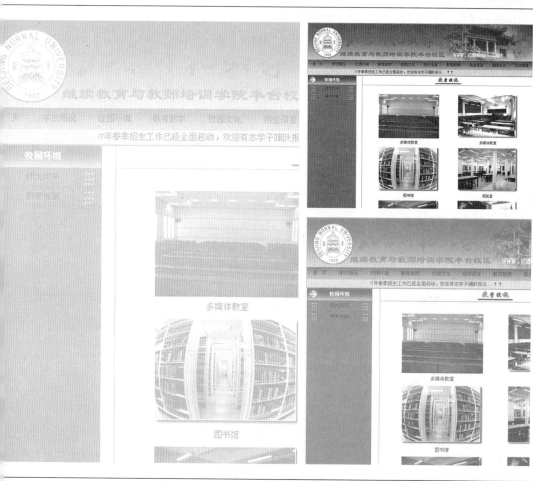

本章从建立站点，创建站点的目录结构，创建首页和二级页面出发，详细地介绍了开放网站的方法和步骤，学习本章以后要熟悉掌握网站的开发流程、网站制作的相关步骤，并能独立地开发出相关类似的网站。

5.1 建立站点

在制作网站中各个具体的网页之前，首先需要创建一个本地站点，本节将详细介绍站点的创建。

详细制作步骤：

(1) 执行【站点】→【管理站点】菜单命令，打开【新建站点】对话框，如图5-1所示。

(2) 在【您打算为您的站点起什么名字？】文本框中输入创建的站点名称为"WebSite"，如图5-2所示。

(3) 单击【下一步】按钮，进入【编辑文件，第2部分】对话框，选中【否，我不想使用服务器技术】选项，如图5-3所示。

本书制作的文件态网站，所以选择不使用服务器技术，如果读者想制作动态网站(使用ASP、ASP.NET、JSP、PHP等技术)，则需要使用服务器技术。

图5-1 新建站点对话框　　图5-2 设置站点名称　　图5-3 设置是否使用服务器技术

(4) 单击【下一步】按钮，进入【编辑文件，第3部分】对话框，选中【编辑我的计算机上的本地副本，完成后再上传到服务器(推荐)】选项，如图5-4所示。

(5) 继续在【编辑文件，第3部分】对话框，单击【您将把文件存储在计算机上的什么位置？】文本框右边的 参见光盘 按钮，设置如图5-5所示的存储位置。

(6) 继续单击【下一步】按钮，进入【共享文件】对话框，在【您如何连接到远程服务器？】下拉列表中选择默认选项【本地/网络】选项，在【您打算将您的文件存储在服务器上的什么文件夹中？】文本框中选择步骤5中同样的位置，如图5-6所示。

(7) 单击【下一步】按钮，进入【共享文件，2部分完成】对话框，选中【否，不启用存回和取出】选项，如图5-7所示。

(8) 单击【下一步】按钮，进入【总结】对话框，如图5-8所示，该对话框显示了"WebSite"站点的基本信息。

(9) 单击【完成】按钮，完成了站点的创建，创建的站点显示在【文件面板】中，如图5-9所示。

图5-4 设置存储方式 　　　　图5-5 设置存储位置 　　　　图5-6 共享文件的位置和方式设置

图5-7 设置存回和取出的位置 　　图5-8 WebSite站点的基本信息 　　图5-9 文件面板

5.2 创建站点的目录结构

创建好站点WebSite后，此时的站点还只有一个"空壳"，要成为站点还必须添加文件夹和文件，即确定网站的文件目录结构，本节将详细介绍创建文件的目录结构。

详细制作步骤：

(1) 在站点的根目录上单击鼠标右键，在打开的快捷菜单中选择"新建文件夹"命令，如图5-10所示。

(2) 此时在站点管理器中创建一个空的文件夹，默认的名称是"untitled"，将其修改为"image"，以后将用它来存放站点中公用的图片文件，如图5-11所示。

图5-10 新建文件夹 　　图5-11 创建新的文件夹image

文件和文件夹的名称不能使用中文。

（3）继续在站点的根目录上单击鼠标右键，创建一个新的空文件夹，名称为"swf"，如图5-12所示。

提示

　　　　创建一级目录的时候必须在站点的根目录下单击右键，如若在image上单击右键则创建的是二级目录。

（4）使用类似的方法，在站点的根目录中创建出另外一些文件夹，如图5-13所示。

（5）继续在image文件夹下单击右键，分别创建gif、index子文件夹，如图5-14所示。

（6）类似步骤5，分别创建xyhj、jyjx的子文件夹image，如图5-15所示。

（7）选中站点管理器中的根目录，然后在右键菜单中选择菜单命令【新建文件】，如图5-16所示。

（8）此时将在站点管理器的根目录下生成文件名为untitled.html的网页文件，并将其修改为index.html，如图5-17所示。

提示

　　Dreamweaver中默认的首页文件名为index.html。

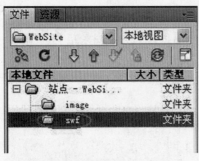

图5-12　创建swf文件夹

图5-13　创建出的一级目录

图5-14　创建image子文件夹

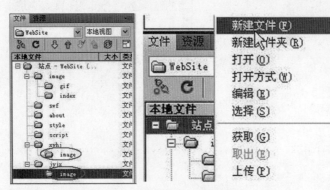

图5-15　创建二级目录　　图5-16　新建文件

图5-17　新建首页index.html

5.3 制作首页

首页是一个网站的第一页，也是最重要的一页。人们一般都将首页作为体现一个单位形象的重中之重，它也是网站所有信息的归类目录或分类缩影。本节将详细介绍网站首页的制作过程。

5.3.1 制作页面首部

整体网页由首部、中部以及尾部和底部4个部分组成，下面介绍首部的制作过程。

详细制作步骤：

(1) 在Dreamweaver CS4环境下，打开index.html，并按【Ctrl+Alt+T】组合键，插入一个6行1列，宽为768像素的一个表格，如图5-18所示。

(2) 在网页的编辑文档窗口，在【属性面板】中的【对齐】选项选择"居中对齐"页面效果如图5-19所示。

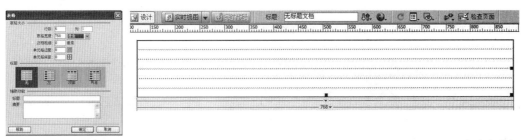

图5-18　插入表格　　　　　　　　　　　　　　　　图5-19　居中对齐表格

(3) 在【属性面板】中单击【页面属性】按钮，如图5-20所示，弹出页面设置对话框，设置页面字体、大小、背景图像、页面边距等，如图5-21所示。

(4) 单击【确定】按钮，完成设置，返回到网页编辑窗口，页面效果如图5-22所示。

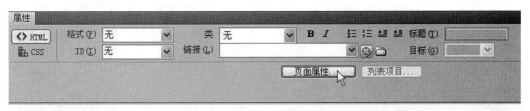

图5-20　单击页面属性按钮

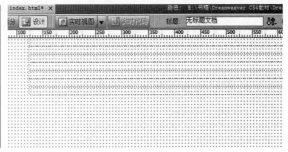

图5-21　设置页面属性　　　　　　　　　　　图5-22　设置背景图像

图5-23 插入表格对话框

(5) 将光标选中第1行，按【Ctrl+Alt+T】组合键插入一个3行1列，宽为768像素的嵌套表格，如图5-23所示，单击【确定】按钮完成插入，在网页编辑窗口中的效果如图5-24所示。

图5-24 插入嵌套表格

(6) 选中嵌套表格的第1个单元格，按【Ctrl+Alt+I】组合键，插入图片"top2. gif"（ 参见光盘 素材\第五章\WebSite\image\index），页面效果如图5-25所示。

(7) 选中嵌套表格的第2行，在【属性面板】中设置其高度为30像素，如图5-26所示，并在【文档工具栏】上选择"拆分"按钮，如图5-27所示，并在相应的HTML代码中设置背景图像为"dh1.gif"，如图5-28所示。

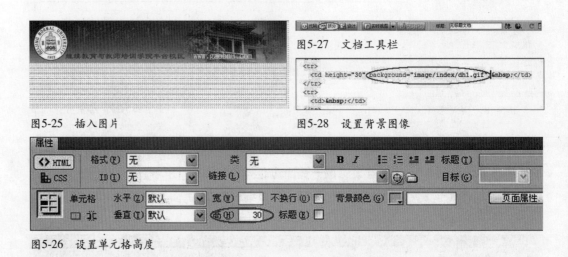

图5-25 插入图片

图5-27 文档工具栏

图5-28 设置背景图像

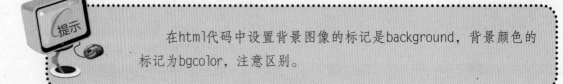

图5-26 设置单元格高度

提示 在html代码中设置背景图像的标记是background，背景颜色的标记为bgcolor，注意区别。

(8) 设置背景图像后，页面效果如图5-29所示，然后在【属性面板】上单击拆分单元格行和列按钮，弹出"拆分表格"对话框，将其拆分成10列，如图5-30所示。

图5-29 属性面板 图5-30 拆分单元格对话框

(9) 单击【确定】按钮，完成拆分单元格，此时页面效果如图5-31所示。

图5-31 拆分单元格

(10) 分别在单元格中输入文本，并将设置的文本居中对齐，如图5-32所示。

图5-32 输入并设置文本

(11) 选中嵌套表格的第3行，在【属性面板】中设置高度为20像素，背景颜色为"#C0D6F3"，属性面板如图5-33所示，网页编辑窗口如图5-34所示。

图5-33 设置单元格

图5-34 设置背景颜色

(12) 按【Ctrl+Alt+T】组合键，插入一个1行2列的表格，并将第1个单元格的宽度设置为21%，网页编辑窗口效果如图5-35所示。

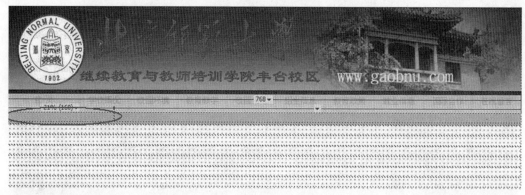

图5-35 设置单元格宽度

提示　　　该处的单位为相对值，相对值随着屏幕的改变，相应的大小也跟着变化，绝对值则为固定值。

(13) 在站点管理器的一级目录script处单击右键，新建一子文件"now_time.js"，如图5-36所示，该文件的程序代码如图5-37所示。

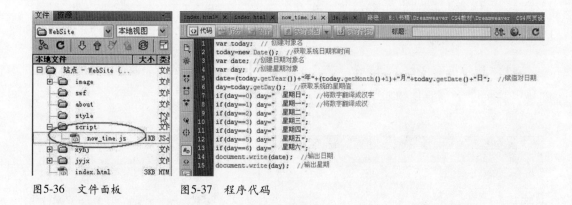

图5-36 文件面板　　　图5-37 程序代码

var today; // 创建对象名

today=new Date(); //获取系统日期和时间

var date; //创建日期对象名

var day; //创建星期对象

date=(today.getYear())+"年"+(today.getMonth()+1)+"月"+today.getDate()+"日"; //赋值对日期

day=today.getDay(); //获取系统的星期值

if(day==0) day=" 星期日"; //将数字翻译成汉字

if(day==1) day=" 星期一"; //将数字翻译成汉字

```
if(day==2) day=" 星期二";
if(day==3) day=" 星期三";
if(day==4) day=" 星期四";
if(day==5) day=" 星期五";
if(day==6) day=" 星期六";
document.write(date); //输出日期
document.write(day); //输出星期
```

提示

　　JavaScript代码注意大小写，//后面为注释内容，如若读者能看
明白则不需输入。

　　(14) 在【文档工具栏】中单击【拆分】按钮，将脚本语
言代码设置如图5-38所示，页面运行效果如图5-39所示。

图5-38　设置脚本代码　　　　　图5-39　页面效果

　　(15) 将光标转至右侧的单元格，单击【文档工具栏】上的【拆分】按钮，设置如
图5-40所示的HTML代码。

图5-40　设置HTML代码

提示

　　Marquee标签主要设置滚动字幕，默认的滚动方向是从右向左
滚动，其中相关参数可以查找相关资料。

　　(16) 设置完成后，页面首部部分设置完成，页面效果如图5-41所示。

图5-41　页面首部

5.3.2 制作页面中部

页面首部制作完成之后，接下来就要制作网页的中部，下面详解介绍制作过程。

详细制作步骤：

(1) 将光标定位在页面首部的下面单元格，按【Ctrl+Alt+T】组合键，插入一个6行5列，宽度为768像素的一个表格，如图5-42所示。

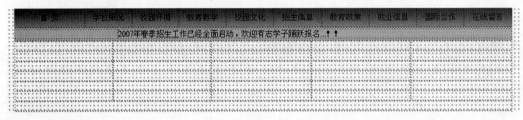

图5-42 插入表格

(2) 在刚插入的嵌套表中，选择第1行第1列的单元格，在【属性面板】中设置其高度为30像素，宽度为164像素，属性面板如图5-43所示。

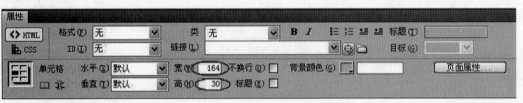

图5-43 属性面板

(3) 类似步骤2，将第2行第1列、第3行第1列、第4行第1列、第5行第1列的高度分别设置为149、30、148、30、147像素，设置完成后，页面效果如图5-44所示。

(4) 接着选择单元格的第1行第2列、第1行第3列、第1行第4列、第1行第5列的单元格，设置其宽度分别为12像素、417像素、12像素、157像素、设置完成后编辑窗口，如图5-45所示。

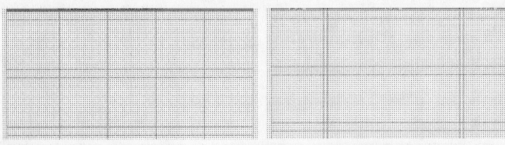

图5-44 设置单元格高度   图5-45 设置其他单元格的宽度

提示　　由于在步骤3中已经设置过同行单元格的高度，所以在步骤4中不需要再次设定高度。即同行的单元格高度相同，同列的单元格宽度相同。

(5) 选中第2列的所有单元格，如图5-46所示，在【属性面板】中选择"合并所选单元格"按钮囗，并设置合并后的单元格的背景色为白色(#FFFFFF)，如图5-47所示。

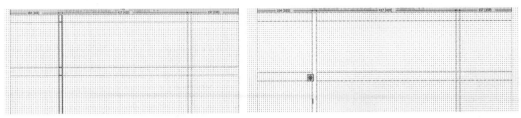

图5-46　选中第2列所有的单元格　　　　图5-47　合并单元格并设置背景色

(6) 类似步骤5，选中第4列的所有单元格，合并单元格并将合并后的单元格的背景色也设置为白色(#FFFFFF)，此时页面编辑窗口如图5-48所示。

(7) 类似于5.3.1中步骤7，分别设置嵌套表格的第1行第1列、第1行第5列、第3行第1列、第3行第5列、第5行第1列、第5行第5列、设置其背景图片为"gg11.gif"（ 参见光盘 \素材\第五章\WebSite\image\index），网页编辑效果如图5-49所示。

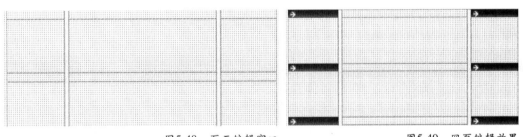

图5-48　页面编辑窗口　　　　　图5-49　网页编辑效果

(8) 利用类似的方法，将第1行3列，第3行3列，第5行3列的背景图像设置为"gg22.gif"（ 参见光盘 \素材\第五章\WebSite\image\index），设置完成后，网页编辑窗口效果如图5-50所示。

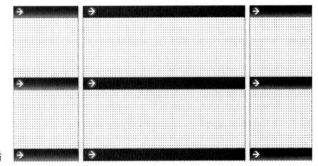

图5-50　设置背景图片

提示

本节中所有遇到的图片都是 参见光盘 \素材\第五章\WebSite\image\index，在后面遇到不再提示。

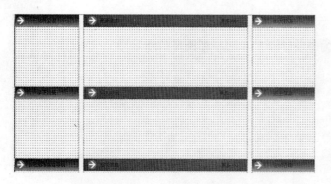

(9) 分别在步骤7，8中设置背景图片的单元格内输入文本，并将设置对齐方式，如图5-51所示。

图5-51　输入文本

字体的颜色以及样式将在后面的创建CSS样式中统计创建。

文本的移动可以通过单击键盘上空格进行移位，前提执行【编辑】→【首先参数】→【常规】→【允许多个连续的空格】选项。

(10) 在"站内公告"下方的单元格设置背景色为白色并插入一个1行2列，宽度为164像素的表格，设置第1个单元格宽为12像素，第2个位154像素，表格的高度设置为156像素，页面编辑效果如图5-52所示。

图5-52　插入表格

(11) 接着在嵌套表格中的第2个单元格，输入如图5-53所示的文本，并在【文档工具栏】中【拆分】按钮上单击下，设置该单元格的代码如图5-54所示。

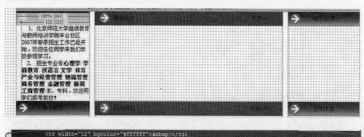

图5-53　输入文本

图5-54　设置代码

设置滚动字幕，direction的方向为up(上)，onmouseover当鼠标放上去时停止，onmouseout当鼠标移走时开始移动。

(12) 在"最新动态"导航下的单元格，设置背景色为"#F2F2F2"，并插入一个8行4列，宽度为416像素的表格，并设置4个单元格的宽度分别为15、281、40、70像素，页面效果如图5-55所示。

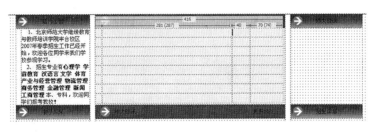

图5-55 插入表格并设置单元格的宽度

(13) 然后分别在所有的第1列中按【Ctrl+Alt+I】插入图片"arrom.gif"，在第2列中输入文本并将文本的链接设置为空链接(#)，在第3列部分单元格中按【Ctrl+Alt+I】插入图片"newgif.gif"，在第4列中插入日期，网页编辑效果如图5-56所示。

图5-56 插入图片和输入文本

最新动态以及下面的师大时讯和招考信息下面的信息，一般情况下都是用动态网页制作出来的，本实例主要为了介绍制作静态网页的过程。

在后面的介绍中出现的链接如无介绍，则指的是空链接。

(14) 将"师大校训"、"学子风采"导航信息下的单元格背景色设置为白色(#FFFFFF)，并插入按【Ctrl+Alt+I】插入图片"xueweirenshi.jpg"、"23.gif"以及将其居中对齐，此时网页编辑窗口效果如图5-57所示。

(15) 类似于步骤12、13，插入表格，以及插入图片"arrom.gif"、"HOT.gif"，页面编辑效果如图5-58所示。

图5-57 插入图片　　　　　　　图5-58 插入图片、输入文本

　　(16) 在"招生信息"导航栏下方的单元格设置背景为白色(#FFFFFF) 并插入一个5行3列宽度为100%的表格，通过拆分单元格，以及设置单元格的宽度并插入图片"msg-send.gif"，输入文本，设置链接后，网页编辑窗口如图5-59所示。

图5-59 插入、设置表格

　　(17) 继续在"各地高考信息导航"下的单元格背景色"设置为白色"，并插入一个5行3列宽度为100%的表格，并设置第1行第3行第5行表格的背景色为(#F2F2F2)，输入文本，设置链接，此时网页编辑窗口如图5-60所示。

　　(18) 在"招考信息"下方的单元格，设置背景色为白色，并插入一个6行3列，宽度为100%，高为144像素的表格，设置单元格的宽度，插入图片、输入文本、设置链接，此时网页编辑窗口效果如图5-61所示。

图5-60 插入、设置表格　　　　　　图5-61 插入、设置表格

　　(19) 将"在线咨询"下的单元格下的背景色设置为白色，插入一个7行2列的，宽度为100%的表格，通过拆分单元格，合并单元格，插入图片"84.gif"、"70.gif"、"45.gif"，以及输入文本、设置链接，此时页面效果如图5-62所示。

图5-62 插入、设置表格

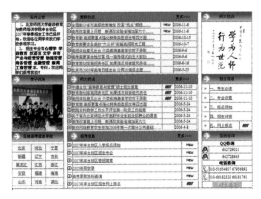

(20) 此时中部网页制作完毕，整个中部网页的编辑窗口效果如图5-63所示。

图5-63 中部网页效果

5.3.3 制作尾部网页

制作完毕网页首部、中部以后，接下来就要继续制作网页的尾部，下面详细介绍如何制作网页的尾部。

详细制作步骤：

(1) 将光标定位于整个中部页面下面的单元格，设置背景色为白色(#FFFFFF)，并继续按【Ctrl+Alt+T】组合键，插入一个2行3列，宽为768像素的表格，网页编辑窗口如图5-64所示。

(2) 设置嵌套表格的第1列单元格宽度为164像素，第2列单元格宽为12像素，第3列单元格宽度为588像素，设置后的单元格如图5-65所示。

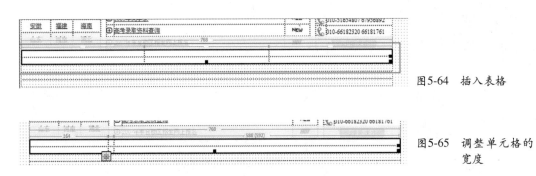

图5-64 插入表格

图5-65 调整单元格的
宽度

(3) 选定第1行第1列的单元格的高度为30像素，第1行第2列单元格的高度为135像素，合并第2行1列、第2行第2列单元格，合并第3行第1列和第3行第2列单元格，设置完成后，网页编辑窗口如图5-66所示。

图5-66 设置单元格

（4）将第1行第1列的背景图片设置为"gg11.gif"，并输入文本，设置文字居中对齐，页面编辑效果如图5-67所示。

图5-67 设置背景图片、文本

（5）将光标定位至第1行第2列，按【Ctrl+Alt+F】组合键插入"xiaoyou.swf"Flash动画（ 参见光盘 \素材\第五章\WebSite\swf），并在【属性面板】中调整其宽度为140像素，高度为130像素，并居中对齐，如图5-68所示，此时网页编辑效果如图5-69所示。

图5-68 设置动画的宽和高

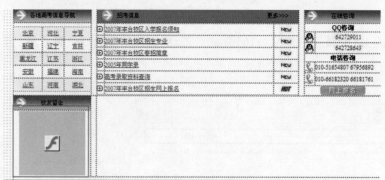

图5-69 插入swf动画

（6）选定第3个单元格，继续按【Ctrl+Alt+F】组合键，插入"banner.swf"动画（ 参见光盘 \素材\第五章\WebSite\swf），并在【属性面板】中，设置其宽度为588像素，高度为165像素，页面效果如图5-70所示。

图5-70　插入swf动画

(7) 将光标定位于整个表格的下个单元格，设置背景色为白色(#FFFFFF)，并按【Ctrl+Alt+T】组合键插入一个2行5列的，宽度为768像素的表格，如图5-71所示。

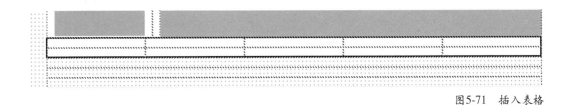

图5-71　插入表格

(8) 设定第1列单元格宽为164像素，第2列单元格宽为12像素，第3列表格的宽度为418像素，第4列单元格宽为12像素，设定第1行第1列的高度为30像素，第1列第2行的高度为140像素，网页编辑窗口如图5-72所示。

(9) 分别选中第1行第1列、第1行第3列、第1行第5列，设置其背景图片分别为"gg11.gif"、"gg22.gif"、"gg11.gif"，输入文本，类似于前面介绍的设置文本的对齐方式，如图5-73所示。

(10) 在"校园文学"下方的单元格内，插入一个6行2列，宽度为100%的表格，并设置表格第1列为25像素，如图5-74所示。

(11) 合并第5行第1列、第5行第2列两单元格，并在第1列分别按【Ctrl+Alt+I】组合键插入图片"msg-send.gif"，输入文本，设置链接，如图5-75所示。

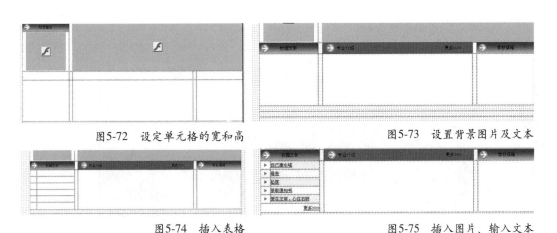

图5-72　设定单元格的宽和高　　　　　图5-73　设置背景图片及文本

图5-74　插入表格　　　　　　　　　图5-75　插入图片、输入文本

（12）接着在"专业介绍"下的单元格，设置背景色为(#F2F2F2)，按【Ctrl+Alt+T】组合键插入一个4行3列，宽度为100%的表格，通过合并单元格、输入文本、设置文本对齐方式，该单元格最终的网页编辑效果如图5-76所示。

（13）最后在"学校信箱"下方的单元格内，插入一个3行2列，宽度为100%的表格，通过合并单元格，调整单元格的宽度，插入图片"gif007.gif"，输入文本，此时网页编辑效果如图5-77所示。

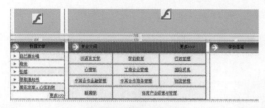

图5-76 页面效果

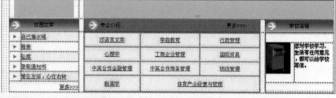

图5-77 单元格的效果

（14）选中刚输入的文本，在【属性面板】中设置链接地址为"mailto:bsdzsb@126.com"，如图5-78所示。

图5-78 设置超级链接

> 该超级链接为链接电邮邮件，以mailto：开头，后面的为电子邮件的地址。

（15）整个网页的尾部制作完毕，效果如图5-79所示。

图5-79 尾部网页

5.3.4 制作底部网页

已经制作完毕的首部网页，中部网页以及尾部网页后，最后将详细介绍制作底部网页的过程。

详细制作步骤：

(1) 在尾部网页下方的单元格内，按【Ctrl+Alt+T】组合键插入一个1行8列，宽度为768像素的表格，插入完成网页，编辑效果如图5-80所示。

图5-80　插入表格

(2) 分别在相应的单元格内插入图片"c1.gif"、"c2.gif"、"c3.gif"、"c4.gif"、"c5.gif"、"c6.gif"、"c7.gif"、"c8.gif"，在【属性面板】中设置每个图片的宽度为95像素，高为30像素，边框为0像素，如图5-81所示，此时的页面效果如图5-82所示。

图5-81　属性面板

图5-82　插入图片

(3) 将鼠标放置于最后一行单元格，设置单元格的高度为69像素，设置背景色为(#FFFFFF)，输入文本，网页编辑效果如图5-83所示。

(4) 尾部网页已经制作完毕，此时页面效果如图5-84所示。

图5-83　输入文本

图5-84　尾部网页

5.3.5 修改首页中部分内容

通过前面几个部分的介绍，已经初步完成首页的制作，下面将修改网页中的部分内容，对首页进行完善。

(1) 在【文档工具栏】中的【标题】后，输入"北京师范大学继续教育与教师培训学院丰台校区学校首页"，如图5-85所示，按【Ctrl+S】进行保存后，按【F12】进行浏览网页时，此时页面效果如图5-86所示。

图5-85 设置网页标题

图5-86 网页浏览效果

(2) 在页面的导航栏中将所有的选项设置为空链接(#)，如图5-87所示。

图5-87 设置空链接

(3) 将网页中出现"更多>>>"字样的文本选中,并设置为空链接,如图5-88所示。

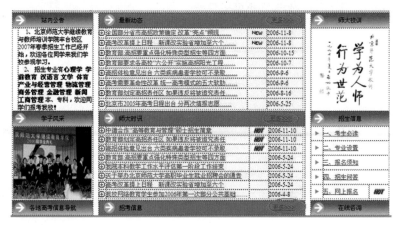

图5-88 设置空链接

由于篇幅的限制,不可能将每个链接网页都写出来,所以利用了空链接。

图5-89 库面板

(4) 选中网页的首部,执行【修改】→【库】→【增加库对象】,此时【库面板】上增加一个库对象,并将其更名为top,此时库面板如图5-89所示。

增加库对象以后,站点中新增加了一个Library文件夹。

5.3.6 设置CSS样式文件

制作完首页以后,为了让首页美观,需要进行字体的大小、颜色、样式以及链接的颜色等设置,下面详细介绍CSS样式文件的制作过程。

详细制作步骤:

(1) 在【CSS样式面板】上单击新建CSS样式按钮 ,打开新建CSS样式规则对话框,如图5-90所示。

(2) 在类型选择器中选择"类(可应用于任何HTML元素)",选择器名称中输入".title",在选择定义规则的位置选择"新建样式表文件",如图5-91所示。

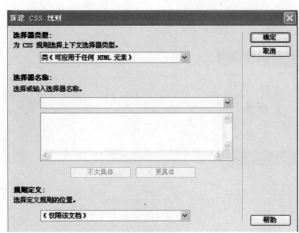

图5-90 新建CSS样式规则对话框　　　　　　　图5-91 设置对话框

　　(3) 单击"确定"按钮，弹出"将样式表文件另存为"对话框，在站点目录中选择style文件夹，并在文件名中输入"style"，如图5-92所示。

　　(4) 单击"保存"按钮，弹出".title的CSS规则定义"对话框，设置字体为"宋体"，字号为"9pt"，样式为"正常"，行高为"正常"，粗细为"加粗"，变量为"正常"，颜色为"白色"，如图5-93所示。

图5-92 将样式表文件另存为对话框

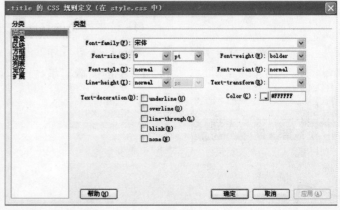

图5-93 设置对话框中内容

图5-94 CSS样式面板

　　(5) 单击"确定"按钮，完成设置，【CSS样式面板】如图5-94所示。

(6) 在【CSS样式面板】上单击新建CSS样式按钮，在打开"新建CSS样式规则"对话框中选择器类型为"复合内容(基于选择的内容)"，选择器名称为"a:link"，选择定义规则的位置为"style.css"，如图5-95所示

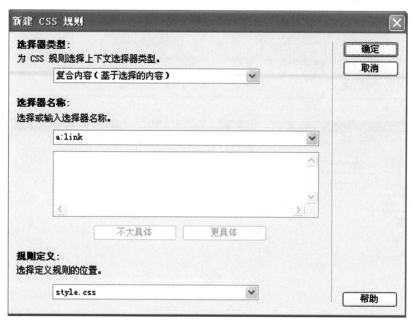

图5-95 新建CSS样式对话框

a:link：设定正常状态下链接文字的样式。

a:active：设定当前被激活链接(即在链接上按下鼠标左键时)的效果。

a:visited：谁的那个访问过后链接的效果。

a:hover：设定档鼠标放在链接上时的文本效果。

(7) 单击"确定"按钮，在打开的"a:link的CSS样式定义"对话框中定义链接文字的效果如图5-96所示。

(8) 重复步骤6，7，设定a:active的样式，如图5-97所示。

(9) 类似步骤8，设定a:visited的样式，如图5-98所示。

(10) 最后，类似于前面，设定a:hover的效果如图5-99所示。

(11) 设置a:hover以后，【CSS样式面板】如图5-100所示。

(12) "style.css"样式表自动附加到页面上，此时页面效果如图5-101所示。

(13) 设置页面中的相关标题，在【属性面板】中分别选择【类】"title"后，此时页面效果如图5-102所示。

(14) 按【Ctrl+S】组合键保存网页，并按【F12】键浏览网页，首页的效果如图5-103所示。

图5-96　a:link的CSS样式定义对话框　　　图5-97　a:active的CSS样式定义对话框

图5-98　a:visited的CSS样式定义对话框　　　图5-99　a:hove的CSS样式定义对话框

图5-100　CSS样式面板

图5-101　页面效果

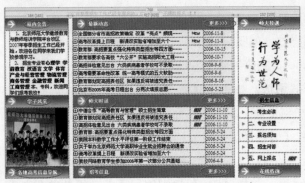

图5-102　使用样式后效果

图5-103　首页部分内容

5.4 制作二级页面

制作完首页以后，则需要制作站点目录下的二级页面，由于二级页面比较多，本节将详细介绍站点目录xyhj、jyjx两个目录下的各一个页面。

5.4.1 制作页面jxss.html

jxss.html是校园环境目录下的一个二级页面，下面将详细介绍二级页面的制作过程。

(1) 打开Dreamweaver CS4，在站点管理目录的xyhj文件夹下，单击右键，新建一个jxss.html，如图5-104所示。

(2) 双击该文件打开该网页，在【属性面板】中单击【页面属性】按钮，弹出"页面属性"对话框，设置如图5-105所示。

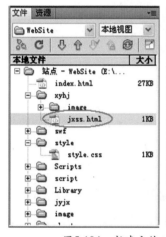

图5-104 新建文件

图5-105 页面属性对话框

(3) 然后按【Ctrl+Alt+T】组合键，插入一个3行1列，宽度为768像素的表格，并在【属性面板】中设置居中对齐，此时网页编辑效果如图5-106所示。

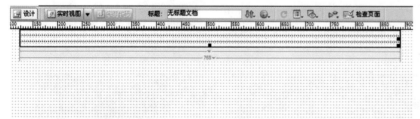

图5-106 插入表格

图5-107 库面板

(4) 将光标定位至第1个单元格，执行【窗口】→【资源】→【库】打开【库面板】，单击"插入"按钮，如图5-107所示，插入【库面板】中的top对象后，网页编辑效果如图5-108所示。

图5-108　插入top对象

(5) 选中第2行单元格,设置背景色为白色(#FFFFFF),然后按【Crtl+Alt+T】组合键插入一个2行3列,宽度为768像素的表格,如图5-109所示。

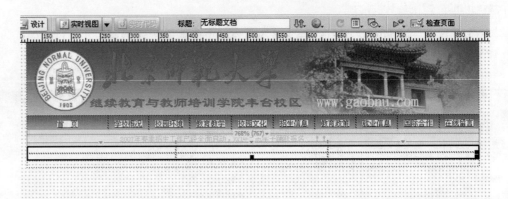

图5-109　设置背景色和插入表格

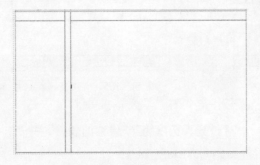

(6) 设置第1行第1列单元格的宽度为164像素,高度为30像素,设置第2行第1列单元格的高度为422像素,设置第1行第2列的宽度为19像素,合并第1行第2列和第2行第2列单元格,框架如图5-110所示。

图5-110　设置单元格

(7) 将第1行第1列的背景图片设置为"gg11.gif"（ 参见光盘 \素材\第五章\WebSite\xyhj\image),输入文本,居中对齐,如图5-111所示。

图5-111　设置单元格背景

在本小节中如无特殊说明，所遇到的图片目录均为素材\第五章\WebSite\xyhj\image，后面不再介绍。

(8) 选定第1行第3列，按【Ctrl+Alt+T】组合键插入图片"jxss.gif"，在【属性面板】中设置居中对齐，如图5-112所示。

图5-112　插入普通

(9) 选定第2行第1列，设置单元格的背景色为(#337BDC)，并按【Ctrl+Alt+T】组合键插入一个2行1列，宽度为100%的表格，如图5-113所示。

图5-113　插入表格

(10) 设置每个单元格的高度为25像素，并设置背景图片为"xuey1.gif"，如图5-114所示。

图5-114　设置单元格的背景图片

(11) 在相应的单元格内输入文本，并设置居中对齐，将输入的文本设置为空链接 (#)，如图5-115所示。

图5-115 设置超级链接

(12) 选定"教学设施"图片下方的单元格，按【Ctrl+Alt+T】单元格插入一个3行3列，宽度为100%的单元格，设置第1行的高度为30像素，设置第3行的高度为30像素，第1列宽20像素，第3列宽20像素，最后合并最后一行单元格，如图5-116所示。

(13) 设定第1行第2列，以及第3行的背景色为(#F0F0F0)，并按【Ctrl+Alt+T】组合键插入一个6行2列，宽度为100%的表格，如图5-117所示。

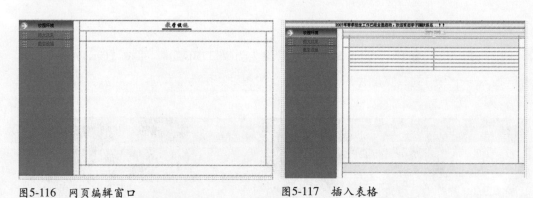

图5-116 网页编辑窗口 图5-117 插入表格

(14) 在相应的表格中相应插入图片"dmt.jpg"、"p2.jpg"、"p3.jpg"、"p4.jpg"、"p5.jpg"、"p6.jpg"，并在其下方输入解释性说明文字，并将说明文字的单元格背景色设置为(#F0F0F0)，此时网页编辑窗口如图5-118所示。

图5-118 插入图片和输入文字

(15) 将光标定位至最后一个单元格内，输入文本，并设置对齐方式，页面编辑效果如图5-119所示

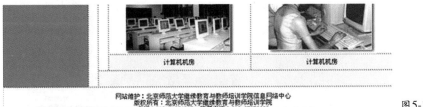

图5-119　输入文本

(16) 执行【文件】→【另存为模板】命令，将会弹出"另存为模板"对话框，并在"另存为"名称后输入"二级网页"，如图5-120所示。

图5-120　另存模板对话框

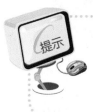

　　　　保存一个二级模板.dwt以后，在站点文件夹中自动添加了一个Templates文件夹，二级模板.dwt则保存在里面。

(17) 单击"保存"按钮，选择"校园环境"单元格，执行【插入】→【模板对象】→【可编辑区域】，弹出"新建可编辑区域"对话框，输入名称为Edit1，如图5-121所示，网页编辑效果如图5-122所示。

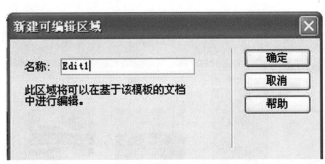

图5-121　新建可编辑区域对话框

图5-122　插入可编辑区域

(18) 重复步骤17，插入可编辑区域Edit2，Edit3，Edit4，网页编辑效果如图5-123所示。

图5-123　插入可编辑区域

(19) 按【Ctrl+S】组合键，保存该页面，按【F12键】浏览该网页，页面效果如图5-124所示。

图5-124　网页效果

5.4.2　制作页面jiaoxue.html

制作完二级页面jxss.html之后，利用模板二级页面.dwt，制作二级页面jiaoxue.html，下面详细介绍该页面的制作过程。

详细制作步骤：

(1) 执行【文件】→【新建】→【模板中的页】选择"二级网页"模板，如图5-125所示，单击"创建"按钮，创建如图5-126所示的页面。

图5-125　新建模板网页对话框

图5-126　新建模板网页

(2) 将Edit1处的"校园环境"更改为"教育教学"，如图5-127所示。

(3) 接下来将Edit2处的到导航更改为如图5-128所示。

图5-127　编辑Edit1　　　　　　　　　　　　　　　　图5-128　编辑Edit2

提示

　　Edit2的编辑可以通过添加行数以及设置背景图片、输入文字和设置空链接实现，由于篇幅的有限，不详细叙述。

　　背景图片"xuey1.gif"（参见光盘\素材\第五章\WebSite\jyjx\image），本小节中出现的图片不再具体说明，都在该目录下。

(4) 将光标定位至Edit3处，将"教学设置"图片更改为"师资力量"图片，如图5-129所示。

(5) 将光标定位至Edit4处，经历插入表格，拆分、合并表格，以及设置表格的宽度，插入图片，输入文本等步骤，如图5-130所示。

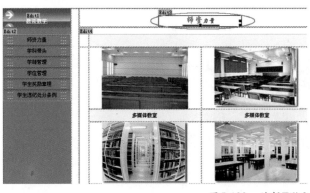 

图5-129　编辑Edit3　　　　　　　　　　　　　　　　图5-130　编辑Edit4

提示

　　Edit4处编辑方法在前面章节中多次详细介绍，可以参照源文件，制作该部分内容。

(6) 按【Ctrl+S】保存网页为"jiaoxue.html",按【F12】键浏览网页如图5-131所示。

图5-131 页面效果

(7) 在【库面板】上双击top对象,将"校园环境"、"教育教学"重新链接到xyhj文件夹下的"jxss.html"网页,jyjx文件夹下的"jiaoxue.html",属性面板分别如图5-132、图5-133所示。

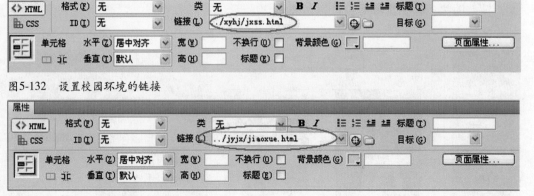

图5-132 设置校园环境的链接

图5-133 设置教学教学的链接

整个学校网站实例开发工作基本完成,剩下还需要进行站点测试、域名申请以及站点的上传工作,在本书中不做介绍,如果需要可以参阅其他资料。

主要参考文献

[1] 王胜，丁国顺，周升骝. 网页设计与制作教程. 北京：人民邮电出版社，2004.

[2] 方晨. 网页设计三剑客中文版入门与提高. 上海：上海科学普及出版社，2007.

[3] 吴涛. Dreamweaver MX 2004标准教程. 北京：北京科海电子出版社，2004.

[4] www.baidu.com

图书在版编目（CIP）数据

Dreamweaver CS4 网页设计与网站开发／高吉和编著.－北京：中国建筑工业出版社，2010.8

（动漫·电脑艺术设计专业教学丛书暨高级培训教材）

ISBN 978－7－112－12378－0

I. ①D… II. ①高… III. ①主页制作—图形软件，Dreamweaver CS4—高等学校—教材 IV. ①TP393.092

中国版本图书馆CIP数据核字（2010）第161632号

Dreamweaver CS4是一款专业的可视化网页编辑软件，可用于对Web站点、Web页和Web应用程序进行设计、编码和开发。

本书共分5章，采用实例带动知识点的学习方法进行讲解，从实际培训出发，图文并茂、通俗易懂、实例典型、学用结合，并具有较强的针对性，是一本极具价值的实用书籍。既适合初学者，也同样适合已经涉及网页设计或网站开发人员，更适合作为高校的培训教材。本书包含了很多实用的技巧，令读者少走弯路，并为读者开辟一条学习的捷径，有豁然开朗的感觉，对Dreamweaver软件会更加爱不释手。

本书通过分步讲解的方式，剖析各种方法和技巧在实际网页制作中的应用。本书特别注意内容的由浅入深、循序渐进，知识含量较高，使读者特别是初学者在阅读学习时，不但能快速入门，还可以达到较高的水平。

责任编辑：陈　桦
责任设计：董建平
责任校对：马　赛　关　键

本书附网络下载，下载地址如下：

www.cabp.com.cn/td/cabp19642.rar下载。

动漫·电脑艺术设计专业教学丛书暨高级培训教材

Dreamweaver CS4　　网页设计与网站开发

高吉和　编著

*

中国建筑工业出版社出版、发行（北京西郊百万庄）

各地新华书店、建筑书店经销

北京美光制版有限公司制版

北京中科印刷有限公司印刷

*

开本：880×1230毫米　1/16　印张：$11\frac{1}{4}$　字数：360千字

2010年10月第一版　2010年10月第一次印刷

定价：49.00元　（附网络下载）

ISBN 978－7－112－12378－0

(19642)